巨型建筑设计之谜

〔日〕高桥俊介（Shunsuke Takahashi） 著
姚淑娟 译

山東畫報出版社

目 录

Contents

一 巨型建筑的历史与技术

二 巨型建筑的支撑与防护技术

前　言

巨型建筑之美

当巨型建筑物或结构体矗立在我们眼前时，除了令人感到惊叹之外，憧憬之情似乎也油然而生。单靠个人的力量无法完成的建筑，却以巨大完美之姿矗立一方，与之相对望之下，反而时常感到自己的存在是如此渺小。这些建筑物当中，不乏数千年前祖先以远比现今困难数倍的条件兴建而成的建筑，细细回想兴建时的艰辛，那些幕后英雄们的身影虽然模糊却隐隐浮现，有时甚至觉得他们仿佛就近在身旁。

时至今日，在建筑设计与建造现场上，依然集结了众多有才之士一起集思广益、灵活运用各种先进技术来兴建各式建筑。相对于完成之前每天朝气蓬勃的现场，工程结束后曲终人散，伙伴们纷纷离去，只徒留建筑物或结构体静立一旁。然而，它们只是静默地注视着人来人往，却不会对人们诉说这里从前发生过的种种事情。

本书将一一搜罗，从举世闻名到默默无闻的各种巨大高层建筑实例，并聚焦于兴建时的秘密与轶闻趣事，藉此拉进与这群幕后英雄们的距离，对于他们如何绞尽脑汁克服种种困难并完成这些巨大工程，令人更加能够感同身受。

巨大高层建筑多是当时时代尖端的产物，而这些创举也大都来自于各种创新技术的开发。其中也有很多建筑物仿佛是造物主的恩赐一般，于绝佳的时间地点浑然天成地坐落在一方。

相反地，巨大高层建筑翻新过往的历史，并大大改变了文化及产业方向的例子也不胜枚举。可以说在这样经年累月的变化之下，才逐渐形成了现今的社会。本书将举出数字在高层建筑世界里扮演火车头的人物，从“如果没有那个人，或许现今仍延续着古时候的旧式建筑……”的这些人当中，介绍几个实例加以说明。文化或产业的大幅改变正是因为有着一群怀抱着热情与挑战精神的“先驱者”才得以实现。可以想象从前也同样有着一群怀抱热情与挑战精神的人士曾努力过，期望未来将肩负时代重任的年轻一辈里，也能人才辈出并持续投入这个产业。

本书出版之际，要特别感谢中右文德先生自始至终的全程协助。写稿期间进展不甚顺利，因而造成诸多麻烦，多亏中右先生全力鞭策，此书才得以付梓。特别藉此机会由衷表达感谢之意。

一

巨型建筑的历史与技术

划时代的霞关大楼

挑战超高层建筑

1968 年竣工的霞关大楼是一栋总高度 147 米的建筑，在当时禁止建造 31 米以上建筑的时代里，可说是一项划时代的创举。31 米的高度限制，是在 1924 年（关东大地震第二年）修改《市街地建筑物法》时所新增的项目，以楼层数来说，最多只有 8 到 10 楼的高度。

筹划霞关大楼的兴建是在 1961 年。当时评估若使用“柔性结构理论”取代以往的“刚性结构”的话，在素有地震国之称的日本将可以兴建超高层建筑，于是在 1963 年修改《建筑基准法》，取消了 31 米的高度限制。因此，可以说霞关大楼建设的研究改变了日本建筑法律的历史[1]。

周延的计划终于开花结果

毕竟当时超高层建筑的兴建才刚起步，因此设计上耗费多时，也历经了百般研讨。能完成这个前所未有的巨大建筑，不论在防止周边人车拥塞的都市计划研究、考虑震度与耐风压的结构设计、建筑材料与施工方法的钻研、具合理性之建筑设备的开发、防灾与避难的研究等等，皆跨越了各种领域，进行了大规模的研究开发。

例如，霞关大楼在二楼设有办公用的宽敞大厅，欲前往办公室的人会从进入一楼商店街旁的电动手扶梯被引导至二楼，而从二楼办公大厅以外的楼层是无法搭乘电梯的。

由于如此明确地隔离了办公楼层，即使目的不同的人进入大楼，依然能将人群自动区隔而不至于交错。最近的超高层建筑中，常见到将电梯的起始楼层设在地下层与一楼等复数楼层的例子。乍看之下似乎很方便，实际上常常是徒增问题、造成使用者不满的原因。在配合明快的动线分离规划，将电梯起始楼层集中于一处这点上，早在霞关大楼中实现了。

位于东京虎之门的霞关大楼（1968 年）。与周边依照高度限制而兴建的大楼相比，划时代的高度，一目了然。照片提供：三井不动产。

注 1：对于霞关大楼的完成，一定会提及的人物就是当时贡献良多的 KMG 建筑事务所的郭茂林先生。他认为随着建筑物的高度不断往上延伸，人类的生活空间随之增加，也能塑造更为舒适的城市。这样的想法与圆梦的热情像同心圆一般，渐渐扩及到具有相同理念的人身上，进而结合了更多人的热情与协助而实现了霞关大楼的兴建项目。如果没有他，或许 31 米的高度限制仍持续到现在吧。

新技术的累积

霞关大楼曾经是走在技术尖端的超高科技大楼。如今广为人知的柔性结构解析设计也是当时首度在日本被采用。不论是大型H形钢、有减震结构基础之称的微缝墙、自体爬升型的塔式起重机等技术的采用，或是可以有效防止坠落意外的波浪型钢板的新用法、人工人造轻质骨材的使用、提高防火效能的耐火被覆、安全避难梯的设计、消防队用的紧急电梯，以及设置防灾中心并采用集中监督管理的方式等等，这些现今看来稀松平常的技术，都是霞关大楼开发兴建时首度问世的新技术。

新技术种种

前面提及的技术当中，将列举几项于以下说明。

大型H形钢

横切面为H形的钢材称为H形钢。将烧热的铁以推挤压延的方式所制成的大型H形钢，需要相当高度的技术。在日本，由于产业界推估1960年代将进入超高层建筑的时代，因而慢慢将它产品化。一般H形钢的横切面大小是宽高约30厘米、厚度约2厘米左右的钢材。相对于此，也有宽50厘米、高100厘米的类型，或是高10厘米的也有。强度方面，用于高层建筑的H形钢也高于一般土木用的2—3倍。霞关大楼的主建材是使用大型H形钢，占整体建材数量的75%，甚至也有厚达6厘米的钢材。

微缝墙

这座日本首座超高层建筑虽采用柔性结构，但只要些微的风力或微震就会马上感应并产生摇晃，令楼内的人感到不舒服。因此因应对策是，在发生某个程度以内的摇晃时先扎实地立稳根基不让建筑物随之摆荡；在面对强震之时则先慢慢地吸收其能量，最后再让它发挥原本柔性结构的特长。

在建筑规定处所装设的钢筋混凝土的墙壁里，如其名所示，在墙壁中央以一定间隔做出狭长微缝。当墙壁受到一定程度的作用力时，微缝处就会集中歪斜并产生裂缝，这时墙壁的刚性特质就会减弱，同时能量也会被吸收掉，因而可发挥减震的功效。

微缝墙内的细致做法

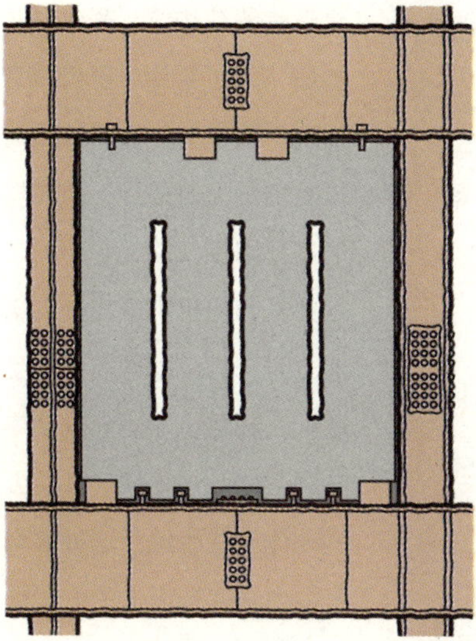

嵌入钢骨梁柱之间的钢筋混凝土墙里，埋设了三条狭长微缝，以发挥减震装置的作用。

自体爬升型的塔式起重机

我想很多人会注意到，超高层建筑的最顶层常常不知道什么时候被放置了大型起重机。这些建筑用的起重机称为“塔式起重机”。它用于吊起钢筋、护墙板等极重的建材，在大楼兴建上是不可或缺的大型机器。爬升型的塔式起重机是在兴建霞关大楼时初次在日本被使用。

那么，究竟这巨型起重机是如何被搬运到建筑物的最顶端的呢？在此说明一下它的搬运方法。首先，架设塔式起重机。接着，在它的周围组装建筑物的结构体。搭建好几层后，为了要让起重机机身固定于最上层，利用油压器拉起塔的下方部分。再将塔的底部固定在最上层。其次，是要把起重机机身推升到塔的上方。这个动作需要重复数次，起重机才能够成功攀升到上端。这与尺蠖蛾幼虫的动作有些相似。这种靠自己的力量攀升而上的方式称

塔式起重机

作“自体爬升方式”或“楼层爬升方式”。

那么，又是如何将起重机从建筑物顶楼卸下的呢？利用顶楼上的起重机吊起另一台小一号的起重机（在此就先暂名为起重机“子”机吧），将原来的起重机母机拆解后，利用“子”机将它从顶楼卸下。接下来，再将更小型号的“孙”机吊上来。这一次利用“孙”机把拆解后的“子”机卸下。这些动作重复数次之后，最后将人工方式拆解完成的机器用电梯送至一楼。

塔式起重机的吊升方式

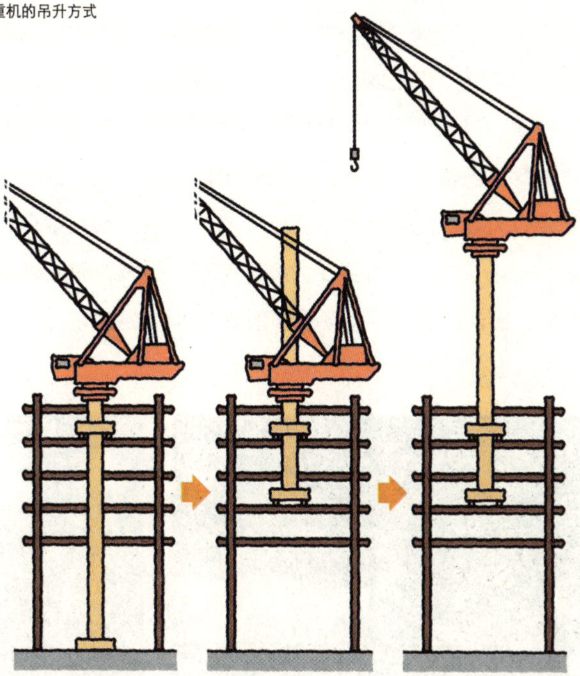

将中间的骨架固定于横梁上。

机器重量由基架支撑，让回旋体逐渐攀升而上即完成。

机器重量暂靠于中间的骨架上，再把拉起桅杆的基架固定于另一根横梁上。

将中间的骨架固定于横梁上。

机器重量暂靠于中间的骨架上，再把拉起桅杆的基架固定于另一根横梁上。

机器重量由基架支撑，让回旋体逐渐攀升而上即完成。

波浪型钢板的新用法

所谓波浪型钢板是指，钢骨的横梁一根根组装之后，搭建在大梁中间呈现波浪状横切面的钢板。它是一种短时间内即可快速完成的安全作业楼板，相当地方便。这是兴建霞关大楼以前就被使用的一项装置，但是以前的波浪型钢板是被当成楼板结构的一部分在使用，因此为了避免楼板受到火灾侵袭，就需要从内侧施以昂贵的耐火被覆。但是当时的设计团队转换了这个构想，仅单纯将它定位为灌入混凝土板的模子，而不是楼板结构本身的一部分。如此一来，由于不需要在内侧施加耐火被覆，因此可以缩短工期与机材装卸的时间，也可达到削减成本的效益。

霞关大楼的波浪型钢板。照片提供：三井不动产。

这种做法在当今超高层建筑的兴建技术上相当常见，且广为运用。工地现场或许很难有机会看到楼板里侧，但是波浪型钢板露出未包覆耐火被覆的景象，可是隐藏着这个技术革新的历史[2]。

人造轻质骨材

所谓骨材是指制作混凝土时加入砾石或砂土的一种建材。混凝土就是用水将此骨材与水泥混制而成。骨材约占混凝土整体体积的70%，因此骨材是主要成分而非水泥，水泥只是发挥黏稠性的作用而已。超高层建筑的楼板有好几层，因此只要将混凝土中的骨材换成轻质型的材质，结构体本身重量就会减轻不少，不但结构体变得较为轻盈，同时也可以减轻成本的负担。

霞关大楼中使用了人造轻质骨材。它是将名为膨胀页岩的石头以高温加热，利用内部产生的分解瓦斯使其膨胀的一种建材。干掉后的成品表面宛如玻璃材质的多孔结构轻石。

新型耐火被覆

能让建筑体的钢骨免于火灾侵袭的方法就是耐火被覆。相对于美国一般都使用喷雾方式喷上石棉的方法，兴建霞关大楼时所研发的方法则是石棉成形板。由于把波浪型钢板当作“抛弃式模具”，喷雾式的耐火被覆便成了非必需品，因此可以说是因为这样才研发出这种新方法的。

注2：虽是钢骨结构，但一般的楼板都是以钢筋混凝土制成的。

霞关大楼之逸事

三十六层楼高的日本首座超高层建筑就这样兴建完成了。如果按照从前牢固地层层堆栈而上的刚性结构来设计的话，会因为发生地震时梁柱承载的负荷过大，建筑高度最多只能是现在的一半而已。

如果说撤销 31 米的高度限制是为了兴建霞关大楼的话，或许有点言过其实。毕竟从计划到完成历时了 7 年，在这当中比霞关大楼先适用新基准，兴建超过 31 米高的建筑共有 8 栋。最先适

凌云阁是由英国人威廉巴顿所设计，高度 51 米，是当时划时代的产物。

关东大地震时，8 楼以上完全倒塌。

用此新基准的建筑是地上 17 层、高 72 米，位于东京的新大谷饭店（New Otani Hotel）。

然而，在制定建筑物须低于 31 米的 1924 年以前，已有超过 31 米建筑的存在。那就是建于 1890 年（艾菲尔铁塔完成的第二年）位于东京浅草的“凌云阁”（12 层建筑，高 52 米）。然而此建筑于 1923 年的关东大地震中倒塌了。事实上，旧丸大楼也在 1923 年 2 月完成，完工半年后就遇到关东大地震，受到了历经 3 年才修复完成的严重灾害，然而它却残存下来了。因为旧丸大楼高 31 米，因此也有人认为，这个建筑高度基准来自旧丸大楼。

建筑高度的基准

1924 年到 1964 年之间，日本制定了 31 米的建筑高度限制。然而，此规定撤销之后，高层建筑就开始不断地兴建起来。那么，所谓的超高层建筑究竟是指什么高度的大楼呢？

60 米的基准

即使没有了高度设限，法律上仍然制定了检测安全性与环境性能的机制。超过 60 米高的建筑（办公大楼一般约为 15 层楼高），依照《建筑基准法》的规定属于"超高层建筑"，须通过国家制定的高度结构安全性的性能检测之审查。如果超过 15 层以上的话，则需设置逃生用的"特别安全梯"，以利于紧急时能安全避难。此点在《消防法》当中有明文规定[3]。

此外，若超过 60 米以上的话，在做规划设计时，电梯的"群组区分"几乎是一定会被要求的部分[4]。

100 米的基准

超过 100 米以上的建筑（办公大楼约为 25 层楼以上）除了

注 3：特别安全梯之外还有一般的安全梯。安全梯不仅火势不易蔓延，也是经得起炙热火势、不易坍塌的一种避难梯。因为它可以让建筑内的人安全地避难。特别安全梯则是更加周延地考虑安全性，以同样的防火墙设置一间名为附室（防火排烟室）的隔间室。

注 4：所谓"群组区分"是指大楼楼层的使用区分为高楼层与低楼层的使用族群。与各楼皆停的电梯相比，更能节省所需搭乘的时间。建筑物一旦变高，群组区分就不只是区分为高楼层与低楼层而已，有时还会增加到三个群组以上。

安全梯与特别安全梯

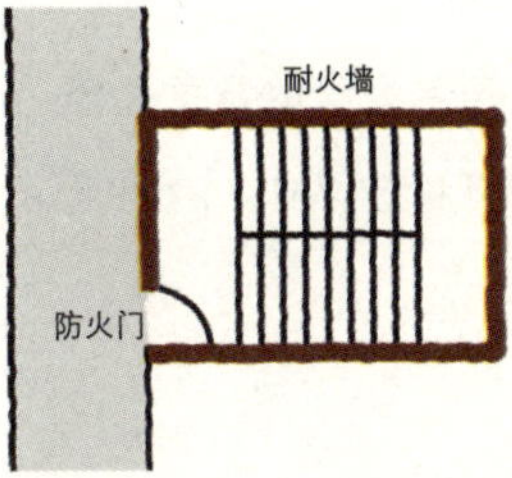

安全梯：
由耐火墙与防火门所组成。为了确保安全，以防止延烧做成的门与遇热不会崩塌的墙壁围制而成。

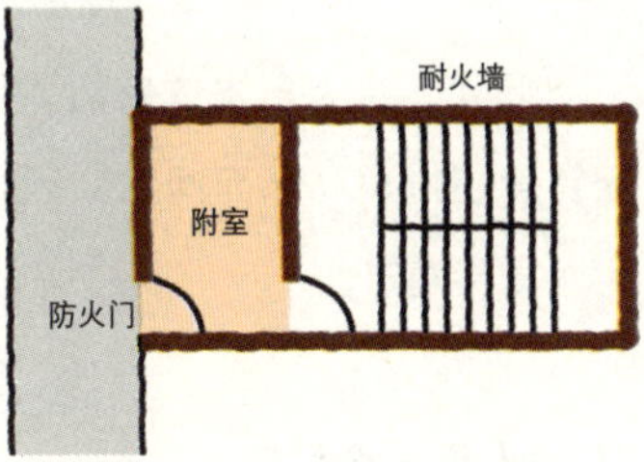

特别安全梯：
比安全梯多了一个以耐火墙与防火门组成的附室，更为安全。

高楼层与低楼层的电梯群组区分实例

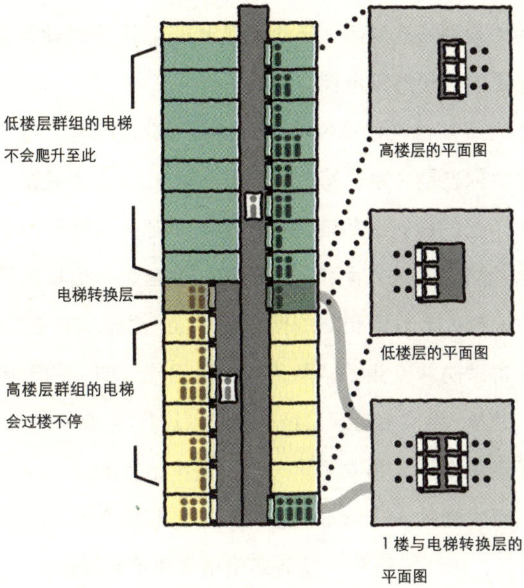

性能检测之外，在很多地区还负有调查日照灾害、风灾、电波灾害等影响之义务（称为环境影响评估）。

此外，身为日本首座超高层建筑而声名大噪的霞关大楼，也因首度超过 100 米而闻名，因此一般也将超过 100 米的建筑定义为超高层建筑。

31 米也是一个区隔

另外，关于超高层建筑等级之下的〝高层建筑〞是泛指什么样的高度，在《消防法》当中有明文规定两者之区分。以超过 31 米来划分者是指高层建筑。在有 31 米高度设限的 1964 年以前的 40 年里，云梯消防车也仅保证救火梯只能到达 31 米的高度。然而，后来逐渐核准超过此高度的建筑后，就需要在《防火避难规定》中增加相关条例补充说明。因此，规定超过 31 米的建筑必须设置消防队专用的〝紧急用电梯〞。

相信大家都曾在建筑物的玻璃窗面上看过印有红色三角形的标志。这个标志是《建筑基准法》里针对 31 米以下建筑的玻璃窗必须贴上印记的规定。相信你已经了解了吧。这就是为了让消防队的云梯消防车能进入大楼用的标志。换言之，法规的精神是不期望消防车到达比 31 米更高的楼层吧。因此，对于比它更高的楼层，大楼需准备消防队专用的紧急用电梯来因应。如今的云梯消防车性能不断提升，事实上甚至已经有能够到达 50 米高的相关设备了。

为了避免混淆，再次重申一下，请牢记紧急用电梯并非提供给平日使用大楼的人于急难发生时使用，而是专为消防队进入大楼时所设计。所以，避难时请务必使用紧急专用楼梯。

紧急用出入口与云梯消防车的关系

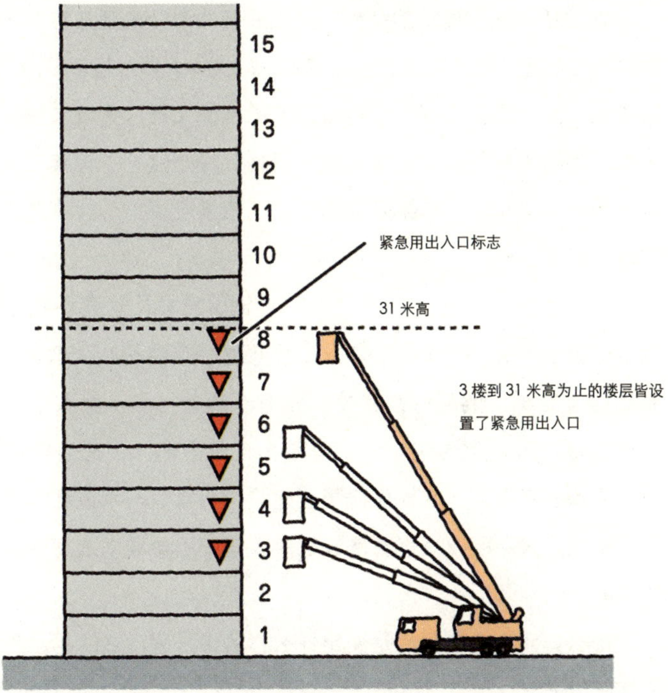

由于在有高度设限的时代里，不需要能够到达 31 米以上的云梯消防车，所以当时日本没有相关的因应配备。拘泥于 31 米这个限制，也许只是高度设限的时代所遗留下来的历史痕迹。

巨型建筑的结构

这里所说的〝建筑的结构〞是指建筑物骨架的建造方式。在建筑的世界里，不单单只是巨型建筑，建筑物大体来说都是由〝建筑工程〞与〝设备工程〞所组成。而〝建筑工程〞大致来说又可分为〝骨架工程〞与〝装修工程〞两种。决定这个〝骨架工程〞内容的是〝结构〞，如果是钢筋结构的话就会说，〝这栋建筑的结构是钢骨结构〞。

现在大楼的一般结构方式之一是钢骨结构，这是由钢铁制的梁柱组合而成。同样的还有一种常见的〝RC 结构〞[5]，这是〝钢筋混凝土结构〞的略称。此外，还有〝砖造〞和〝组石造〞这种施工法。基本上这些工法都有结构性的限制，因此目前新大楼几乎都已不采用。其他像低楼层建筑中也常见〝木造结构〞，只因不能防火，所以一直到最近之前政府都不核准木造高层建筑的兴建。

那么，巨型建筑到底是使用什么样的工法来建造的呢？我们依序看下去吧。

注 5：钢筋混凝土之英译为〝Reinforced Concrete〞，因取其前缀字母而称之为〝RC〞。另外，混凝土是由水泥、砂土、砾石混制而成，仅混合水泥与砂土者称为〝灰浆（水泥砂浆）〞，混凝土内掺入砾石者则称之为〝骨材〞。水泥会引起与水的化学作用，本身具有变硬的特性。

建筑设计与建筑施工的世界

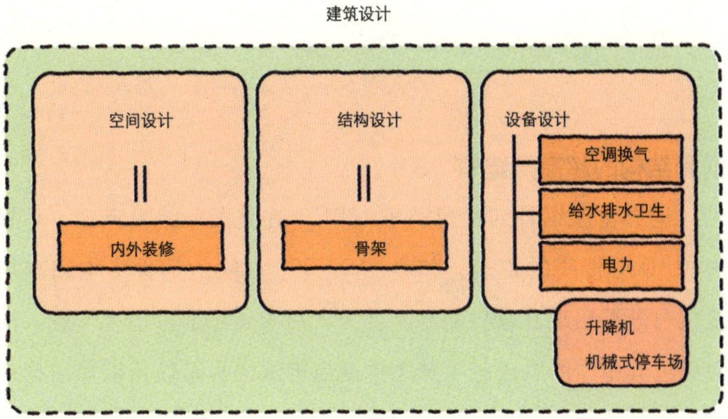

设计的世界里，可分为空间、结构、设备等三个部分。空间设计者决定建筑物的配置、房间的隔间等等；结构设计者决定梁柱的大小及其配置与墙壁宽度等等；设备设计者则负责空调、给水、排水、电力等相关设备。但这三者并非完全分工，而是经常必须一边交换意见，一边同时进行各自的设计。

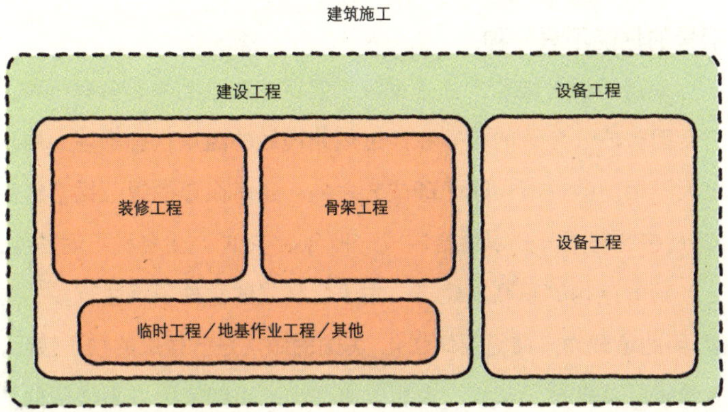

施工的世界则可区分为建筑工程与设备工程两种。而建筑工程又可分为骨架工程与装修工程。这些骨架工程、设备工程与装修工程并非同时进行，必须清清楚楚地制定好程序之后才进行施工。一般来说，是依骨架工程、设备工程、装修工程这样的顺序来进行。超高层建筑则因高度上的原因，工程执行上会有上与下的时差产生。低楼层施工的部分会较早进行。

巨型建筑的钢骨结构

钢骨结构的超高层建筑

世界首座钢骨结构建筑于 1891 年在美国圣路易完工，它是一栋 10 层楼高的建筑。如今 450—500 米级的钢骨结构超高层建筑已渐渐出现在世界各地，并为人所津津乐道。还有一般人不会居住其中，所以比较不熟悉的高层电波塔也是使用钢骨结构建成的。

有关钢骨结构与巨型建筑间的因缘际会，将在接下来的章节里详细说明。

钢骨的性能不只一种

使用于钢骨结构的铁是钢铁，但钢铁在世上并非只有一种。它会因碳成分含量的多寡和经过热处理后的组织状态等等，展现出大不相同的性能。除了碳成分之外，还有微量的镍、锰、铬等成分。将这些成分加以混合制成一种合金，就能产生各种不同性能。

钢骨结构的超高层建筑，由于低楼层的立柱须承载较多的重量，因此承载力方面需要做强化。美国的做法是低楼层的柱子较粗，随着楼层越高柱子越细，大胆改变柱子的粗细来因应高楼层的承载力。反观日本则是采越低楼层使用越强的钢材以维持柱子一定粗细的细腻做法。

巨型建筑的钢筋混凝土结构

钢筋混凝土是古埃及时代沿用下来的历史古老之物。自古以来即广为使用这种可以自由形塑的“石头”。混凝土与石头都具有强度高、韧性低的特性，为了使混凝土也能拥有韧性佳的特性，因而研发出“钢筋混凝土”。虽然减低了强度，但是藉由与韧性佳的钢筋合而为一，制作出韧性也强的混凝土。

研究钢筋混凝土（RC）未来发展性的比利时建筑师奥格斯特·佩雷（Auguste Perret），于1903年在巴黎建造了“富兰克林25号公寓”，据闻在当时这是世界第一栋以钢筋混凝土所设计的建筑。此外，日本第一栋RC结构建筑是1909年时在东京深川历经千辛万苦才完工的涩泽仓库。这家公司的仓库总面积只有不到300平方米而已[6]。日本最早以RC结构建造的正式办公大楼则是完工于1911年位于横滨的三井物产横滨分公司。

奥格斯特·佩雷有钢筋混凝土建筑之父的美称。

钢骨结构与RC结构会产生相异点，是在建筑高层化之后才发生。钢骨虽然质轻黏着力强，但随着长度拉

注6：也有人认为，在1907年完工、建于神户和田岬的东京仓库（现三菱仓库）是日本更早的RC结构建筑。

长往上延伸，无法忽视容易产生摇晃的这个缺点。地震发生时产生的晃动虽然在规定的容许范围内并无安全之虞。但是对于待在大楼内的人来说，却会产生不安的心理作用。基于以上理由，钢骨结构并不适用于一般住宅，因此虽然有钢筋结构式的超高层办公大楼，但在建造超高层住宅上仍有疑虑。

另一方面，由于RC结构比钢骨重，因此随着大楼逐渐高层化之后，变得无法支撑建筑物本身重量，有其结构上的限制。RC结构比钢骨结构不易产生摇晃，因此比较适用于超高层住宅。不过，因为上述自体重的原因，因而无法实现超高层住宅的兴建。然而，1970年代时，发明了一种"高强度·超高强度混凝土"，因为这种混凝土极其不易被压毁，现在已经进步到了即使使用RC结构也能建造高达50层楼的建筑了。这就是为什么现在日本也可以看得到超高层住宅的原因。

建于1903年的富兰克林街25号公寓，仍矗立在巴黎街头。

日本第一栋RC结构的正式办公大楼，三井物产横滨分公司（1911年）。

巨型建筑的复合体与新工艺

S 结构、RC 结构、SRC 结构的搭配组合

钢骨结构是取英文“Steel”的第一个字母，将它简称为 S 结构。RC 结构则如前所述是指钢筋混凝土，从英文的“Reinforced Concrete”各自第一个英文字母而来。还有一种是利用钢筋混凝土将钢骨四周固定成稳固结构的“SRC 结构”。

在日本也称为钢骨钢筋混凝土，它是取英文的“Steel Reinforced Concrete”的第一个英文字母而来，通称“SRC 结构”。

超高层建筑似乎大都是地下楼层采用 RC 结构或 SRC 结构，地面开始往上的部分使用 SRC 结构，而在它之上的楼层则采用 S 结构。这是因为发挥了它们各自的特性才得以支撑起超高层建筑。

复合体的结构

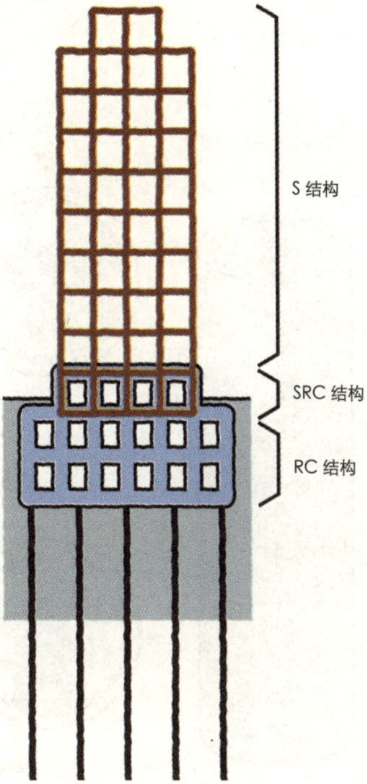

新型结构 CFT 的出现

这种新结构类型称为"钢管混凝土结构"。英文"Concrete-Filled Steel Tube"的简称，一般也称为 CFT 结构。它的原理是，在钢管内部填充强度高的混凝土结构，主要用于大楼的柱子上。在厚度越薄强度越强的钢管内充填混凝土（灌浆）的话，可抑制钢管歪斜与变形，强度也会变得更高。钢管对填充混凝土而言，就如固定木桶外围的箍环一样，可增加混凝土的强度，使之不易变形。

CFC 结构原理

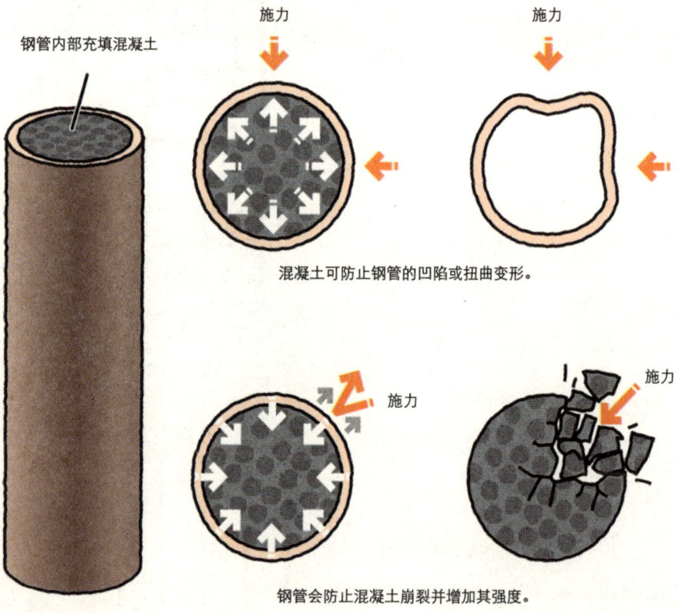

此外，利用填充混凝土的高耐热力来延长耐火时间，不但可调低防火被覆的浓度，甚至还可以省略此步骤。如此一来，柱子的剖面变小之后，由于经济效益变高、硬度也比 S 结构好，更能对抗地震或风灾的侵袭。

虽然此种新型结构与 RC 结构一样同时发挥钢筋与混凝土的特性，如果把 RC 结构比喻为骨架在内、肌肉在外的内骨架结构，或许可以把 CFT 结构比喻为像昆虫体般属于外骨架结构。这种结构方式对大型高层建筑来说非常合适。

木造超高层大楼变得可行了

日本盛产像桧木这种优质木材，同时也拥有适合木造屋的风土与气候，所以从很早以前就盛行将木材当作建材来使用。也因为如此，才会有如今的五重塔及东大寺大佛殿等木造的高层建筑闻名于世。

然而，由于木材不耐于火，近年来法规已禁止使用木材来建造会群聚人潮的大型建筑物或多层建筑。但是，随着 2000 年的法规修正，如果木造结构也能符合防火效能的话，便不限制它的楼层数或面积。也就是说，木造结构也可以用在兴建超高层建筑了。

木材韧性强体积轻，可以说是相当符合超高层建筑的建材。数年前，瑞典盖了一栋五楼的高层木造住宅而掀起热门话题，当时来自世界各国的参访者接踵而至。但是事实上日本本来就有木造高层建筑的传统。

室町时代的京都相国寺七重塔，据说高度就有 106 米。建于更早时代的出云大社也流传着创建时的高度有 96 米之说。另外，东大寺大佛殿则是世上仅存的最大木造古建筑。随着今后木材研究的不断进步，也许日本在不久的将来也会出现一座世界第一的木造超高层建筑。

东大寺大佛殿曾因战乱经过两次大火焚毁，今日所见的东大寺是 1709 年时第三次重建后的风貌。现为宽 57.5 米、高 49 米、深 50.5 米，但是听说公元 758 年创建时的规模比现今大很多。

巨型建筑结构的材料

铁的科学：铸铁、炼铁、钢铁的差异

基本上铁是含有碳的合金。依碳含量的多寡其性质也大大不同。请记住，碳含量越高会变得越坚硬，反之则会变得较脆弱。

碳含量高达 2.14% 以上者称为“铸铁”，反之碳含量少于 0.02% 以下者为“炼铁”。在 0.02% 到 2.14% 含量之间者则为“钢铁”。

铸铁坚硬却具脆弱的特性；炼铁韧性强却拥有柔软的特性；钢铁则不论其特性或碳含量都在铸铁与炼铁之间，因此既坚硬又具韧性。亦即，钢铁具有施以强力时会像炼铁般不易变形或磨损，折弯时会像铸铁般不易折断或损坏，即使把它压弯也会回复原状的性质。

开始使用铁作为建筑结构体是近年来的事。一开始是使用当时技术上最容易生产的铸铁。当时虽然大多使用在建筑装饰品上，但是仅被视为一种结构建材，用于承受压缩力的柱子或拱门上而已。

接下来慢慢被广为使用的是炼铁。它被部分使用在铸铁不能使用的梁柱或桁架（请参照 37 页），负责建筑物的构造体。19 世纪末，钢铁变得可以大量低廉地生产后，建筑物的骨架开始以钢铁制的钢骨为材料，不论规模与大小皆一举扩大。

然而，或许有人曾听过“生铁”或“锻铁”这样的说法。为了不使读者混乱，在这里作个汇总说明。

简单来说，生铁是指刚炼制好铁矿石状态时的原材料，生铁加工后的成品就是铸铁。因此，生铁与铸铁的化学组合基本上是相同的。也可以将生铁加工后再制成钢铁。当然，也可以加工炼铁来炼制钢铁，只不过，成本昂贵，产量也不高[7]。

锻铁则是指精炼原材料的炼铁或是该项技术而言，也就是说它的化学组合与炼铁相同。

研发出有效率地从生铁炼制出炼铁方法的人是亨利·考特（Henry Cort）。他以煤炭取代旧式做法中的焦炭，使用可产生高温的反射炉来溶解生铁[8]。如此一来，氧会在高温中氧化碳元素并被去除。然而，碳一旦减少，熔点就会变高，变得不易在同样温度中变硬，也不易产生氧化作用。因此，必须利用铁棒来搅拌，促进氧化反应并除去生铁中的碳元素，使得炼铁过程更加有效率。

可是，也有人认为将生铁炼制成炼铁的过程中，若在碳含量刚好到达某个基准点时停止炼制工程，似乎可制成钢铁。事实上，生铁当中除了碳以外还含有各种不纯的物质，留下碳的同时也留下了那些物质，因此，炼制成的铁非但未能得到钢铁的特性，也会变成无法使用的东西。也就是说，从生铁炼制炼铁，并非以降低碳含量比率为目的，而是将生铁中包括碳等不纯物质全部去除

注7：为了从铸铁中完全取出不纯物质，虽能得到一定性能的炼铁，但是所需要的碳也会在炼制过程中消失。由于要从不纯物质含量高的铸铁中只去除碳以外的不纯物质相当困难，通常利用炼铁中加入碳的方法来炼制钢铁。具体来说，是将炼铁与木炭一起密封保存，施以高温使碳元素渗透至炼铁的做法。

注8：使用火力比煤炭弱的焦炭（干馏煤炭后的固体产物）是因为煤炭中的硫磺成分会弱化铁的硬度使精炼过程不顺利，而当时还未发现它的解决之道。由于反射炉是煤炭不会直接碰触到铁的划时代产品，因此才会使用煤炭。

的一项作业。

此外，不在炼铁中加入碳，反而研究如何更有效率地从生铁炼制成钢铁的亨利·贝塞麦（Henry Bessemer）发明了转炉。转炉的原理只是将刚熔解的生铁吹入空气而已。因为空气中的氧会氧化生铁中的碳，将它转化为一氧化碳并将之去除。而且利用此时的氧化热使温度得以维持，因此不须从外加热也不需要燃料。借着氧化的高温与氧的完全吹入，不纯物质也会变成被氧化的熔渣而被分离开来。若在碳还没过分氧化的时点停止炼制的话，就可制成钢铁。

此种方法虽然可以大量且平价地生产钢铁，但是由于使用的熔炉在材料性质上的关系，而具有无法去除磷这种不纯物质的缺点。因为含磷成分的钢铁容易断裂而无法使用。具讽刺意味的是，贝塞麦是英国人，但欧洲产的铁矿石大都含有较高的磷，若以贝塞麦转炉来炼制钢铁，其效率仅不到一成左右。

另外，由于美国产的铁矿石磷成分不高，因此当地积极采用贝塞麦炼钢法，使得美国钢铁业的发展呈现飞跃式的成长。至于为什么生于英国的贝塞麦能够顺利地发明此炼钢法，据说是因为实验当时碰巧使用了磷成分含量低的铁矿石之缘故。

而改良贝塞麦转炉缺点的是悉尼·托马斯（Sydney Thomas）。他改善转炉的壁面材质，即使将磷这种不纯物质取出，炉壁也不会因此熔解，这就是托马斯转炉的优点[9]。

注 9：托马斯转炉的唯一现存品目前仅存于日本。这曾经是日本钢管（现在的 JFE 钢铁）京滨制铁厂所使用的东西。目前保存于川崎市市民博物馆的前庭，一般民众可前往参观。

因巨型建筑而进化的混凝土

混凝土是利用水泥与水的化学反应使其硬化，其强度随着水的减少而增加。水泥与水的比值称为“水灰比”，一般来说越是强固的混凝土其水灰比比值通常都低于50%。因此，添加减水剂降低水灰比，利用各种混合剂来增加强度的“高强度混凝土”或“超高强度混凝土”等产品便应运而生了[10]。

高强度混凝土是在1970年问世，强度比一般混凝土强1.5倍。随着后来技术的进步，现在的超高强度混凝土的强度可比一般混凝土强上5倍之多。还有，水灰比也接近20%。惊人的是，减少水量的同时也可以使用到性能佳的混凝土，因此渐渐地水的使用量就变少了。有赖于这种超高强度混凝土的发明，以RC结构来建造超高层建筑的梦才得以实现。

注10：减水剂是一种不须减少水量却能提高流动性的添加剂。AE减水剂是一种泛用产品，AE是Air Entraining的简称，是与空气同调或是带走空气的意思。具有带走混凝土中细微空气粒子性能的AE剂，是利用界面活性剂的起泡作用而制成。减水剂则是利用界面活性剂可分散混凝土粒子使其易与水结合的另一种特性而制成。利用AE剂使细微的空气能像滚珠轴承般作用，减水剂则是将混凝土粒子分散之后帮助它容易与水结合，因此即使只有少量的水也能使其相互结合在一起。

巨型建筑的其他结构

何谓桁架结构

我们都知道用直线型构件组合成三角形的配置较不易变型。而呈现四角形配置的话容易压扁，但若在中间斜放一根长型构件把它改为由两个三角形组合而成的形状时，就会变得不容易倒塌。根据这个原理，相互联结三角形的组合体所做成的结构就是“桁架”。桁架结构常被运用在铁桥或是塔式起重机等地方。立体式组合而成者称为“立体桁架”或“空间桁架（Space Frame）”，也有用来覆盖大型屋顶的结构方式。

桁架结构原理

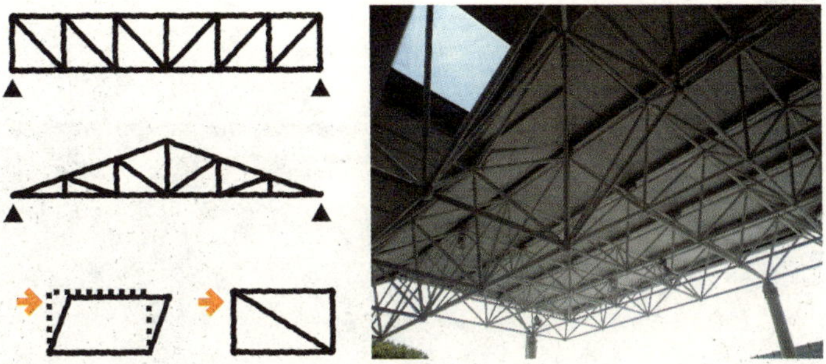

将构件组合成三角形的配置方式，再以铰接方式联结，由于互相承受拉力，因此不易损毁。桁架联结成三次元形状者为立体桁架。右图：立体桁架实例。

拉面结构

虽然叫作"拉面结构"（又称框架结构），但与食品的拉面一点关系也没有。这是从德语中的"Rahmen"这个词而来。它是"装饰于门窗或出入口的牢固框架"的意思。四角形的配置容易倒塌，但是若在直式与横式接合的部分紧密固定的话，可以建造出维持四角形配置也不会变形的结构体。这种结构体即称为"拉面结构"。因为没有斜放补强建材，所以可以取得更宽广的空间。反之，构件与构件间的接合点会增加弯曲的力道（称为弯曲力矩），因此一定要选择适当的构件且接合处一定要完全固定住才行。

钢骨结构的建筑一般都是拉面结构。仔细看梁柱接合处就会发现，尽是焊接或紧紧栓上螺丝的痕迹。东京的 JR 御茶水车站西侧神田川上架设的绿色大桥就是一个浅显易懂的拉面结构的例子。但是为了刻意避开弯曲力矩的作用，在与地面的接合处采用了插

御茶水桥建造于 1891 年，是拉面结构一个典型的案例。

销接头。因为若采用固定式刚性接头，弯曲力矩的作用会变得没有意义且多余又复杂[11]。

何谓帷幕墙

帷幕墙非结构体，而是属于大楼外墙的装修部分；因为和大楼建筑本体有关，因此在这里提出、说明。帷幕墙施工的方式，是将工厂事先做好的外墙板运至工程现场安装，这种做法有几个优点。

一个优点是可缩短工期。另一个优点是提升质量的可信度。外墙若是以钢筋混凝土建造的话，现场须制作模板再灌入混凝土，同时须等待其变硬及变干之后，才能进行最后的完工作业。然而，若采用帷幕墙的话，除了省却现场等候的时间，装设工程也较为简单。还有，帷幕墙外侧的粉刷也都在工厂完成，也不需要再花工夫于外墙装修上。基于以上理由可说明使用帷幕墙可大幅缩短工期。此外，帷幕墙皆在生产管理良好的工厂内制作，质量安定有保障。

另一项优点是耐震强。安装帷幕墙时，从外侧直接装设在大楼梁柱上。这时，可以将帷幕墙挂在上方的梁上，下端仅固定在下方的梁，就像是窗帘般垂吊下来的状态；或者也可以由下方的梁来承载重量，帷幕墙则与上方的梁衔接固定。

不管采用何种方法，皆不须焊接，而是以螺丝拴紧的方式。

注11：固定构件联结点的接合方式称为“刚性接点”或“刚性接合”；而可以180度回转的接合方式则称为“插销接点”或“插销接合”。

由于安装时有预留空间，即使发生地震等灾害使建筑物发生摇晃时，帷幕墙会在允许范围内产生错位，不会与建筑物随之摆荡。亦即，使之变形的作用力并不会传达到帷幕墙，所以不会有损坏掉落的疑虑。

帷幕墙除了混凝土制的类型外，还有铝制或其他金属制的类型。

帷幕墙的原理

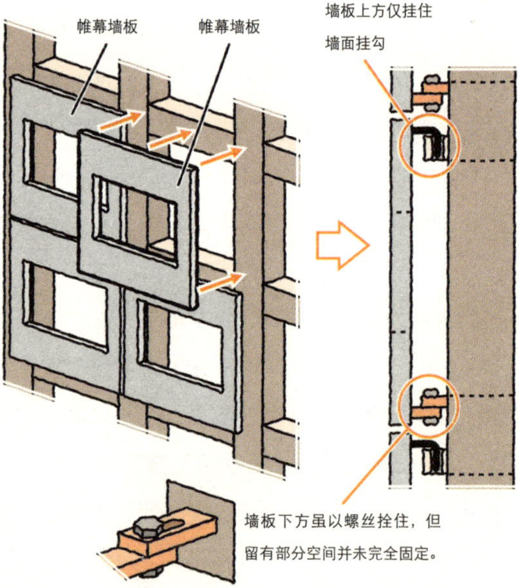

因为帷幕墙只有挂着而已，即使建筑物变形，作用力也不会传达至帷幕墙，因此不会损坏。

巨型建筑的设备

建筑的设备设计可概分为“空调换气设备”、“给水排水卫生设备”、“电力设备”等三类。超高层大楼的设备基本上都是相同的，但会随着楼层的增加，要求更有效率的设计。

超高层建筑也会呼吸

将空调解释为让室内空气变暖或变凉的话，意思并不完整。若不将室内的空气转换成新鲜空气，室内的人就会有窒息的感觉。即使是超高层建筑也会将室内一部分的空气转换成外面的新鲜空气。这时舍弃好不容易调节好的暖空气或冷空气是浪费的，因而研究出在给气与排气间进行能量转换的方式。

曾经有人认为超高层建筑式的巨型大楼，与其使用众多小型机器来运作，倒不如使用大型机、装置数量少的整合型空调来得有效率。这种装置称为“中央空调”或“集中空调”。大型超高层建筑也会将一个楼层划分成若干个区域，各个区域统一供给空调服务。调节成同样温度的冷气或暖气经由送风管传送到区域内，因此不管楼内是否有人，都会固定提供空调的服务。

遇到加班时，可事前申请空调供给时间外的使用，这时大公司即使只有一个人加班，大楼仍会提供数十人的空调，因此大多数人都会打消此念头而选择暂时忍耐。

特别是夏天，从超高层建筑往外看的风景明明状似清凉，但

大楼空调：中央空调与个别空调

中央空调

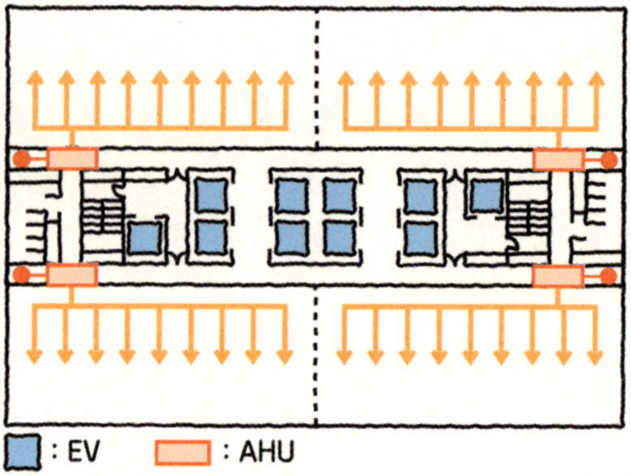

空调箱（AHU: air handling unit）内有大型热交换器与风扇。以液态形式送达的空气被加温或冷却之后，经由风管传送到各区域。

个别空调

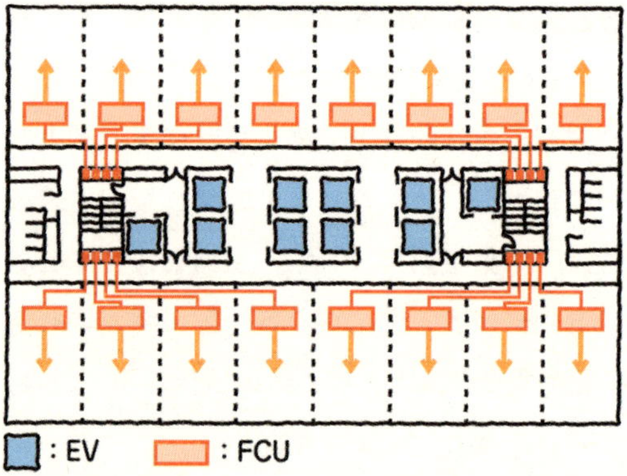

送风机（FCU: fan coil unit）内有小型热交换器与风扇。以液态形式送达的空气被加温或冷却之后，直接吹至各个房间并以风管送风。

以上是空调送风的流程，在此省略排风的部分。排风是指将回到空调箱或送风机的空气加温或冷却之后再重新供给空气。

是因为窗户无法开启又不能脱掉衬衫，只好在办公室出口处摆放电风扇，将白天残留在走廊上的凉空气吹入室内。也就是说，办公室的使用方法若变成制式化，理应合理的系统会因每个人使用上的不同，反而增加开支。目前大都使用每个房间皆可自由调节的个别空调。

超高层建筑的给水与排水

布满建筑物中给水与排水的两种配管，虽然都是用来让液体通过的，但是一个是专供饮用水用，另一个则是排出污水或废弃水等之用途，看似相似，其实却不同。当然两种配管一定得分开装设，而两者的输送方式也截然不同。给水系统是以加压方式来输送水源。因此，既可以从地上将水输送到几十层楼高，也可在屋内享受从上而下、或是从下而上地自由输送水源的服务。

然而，排水一般来说是以随着重力自然流下的方式来做规划，通常是直接流向地面。因此，倾斜度若没有测量好的话，水便无法顺利往下流。厕所与洗脸台等须使用水的设备，其位置之所以不能随心所欲地设置，常常就是因为有这个排水条件的原因。因为排水设备的位置若离直立水管太远，将无法取得适当斜度，导致水流不下去。

此外，超高层建筑位于上方楼层的浴厕污水是如何排出的呢？使用后的污水因为会通过直立式排水管往下流，因此超高层大楼的最底部就像是瀑布的水以惊人的速度流入瀑布潭中一般吗？确实排水在一开始时以加速度往下直冲，但因与排水管壁内相互摩擦以及空气阻力而产生煞车作用，速度马上被缓解，就像降落伞以一定速度落下一般。因此，无须担心此问题。

利用阳光照明

最近业界发明一种使用镜子将阳光导入建筑内的“导光管”。一般认为，在采光部的地方，因镜子会配合太阳的移动，因此可以稳定取得光源。透过建筑物的天花板可以通达建筑屋内最里端的导光管内侧，整个就像是镜子一样，将光源有效地导入。

室内天花板上，刚好凿开嵌入一块四角乳白色压克力板、像是照明灯具一样的大洞，阳光就是从那里射进屋内的。藉此，白天可保持充分照明光源。另外，这个挖开的洞里面也附设了照明

超高层建筑的导光系统

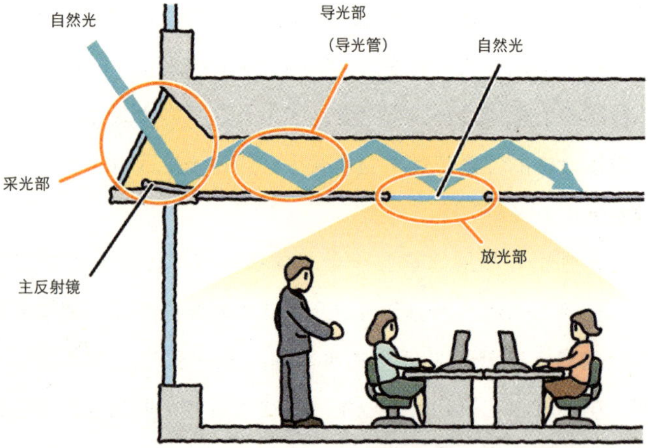

参考：日建设计《导光管系统概要》（2005 年）。

灯具，晚上可以点灯使用。

导光管是使用镜面反射性高的特殊铝开发而成，并将它产品化。过去曾经利用光纤的弹性来导光，但是一般认为导光管结构较为简单，也容易推广。

根据开发此项专利的设计事务所的计算，据说使用导光管可省下公司约 65% 的电费。

从外冷却超高层建筑

在太阳肆无忌惮地照射大楼外墙的炎炎夏日里，墙面温度仿佛到达可以煎荷包蛋的高温。就像在冷却热得发烫的马路时，以前经常使用的“撒水”法又再度复活一般，超高层建筑也试着利用此种方法做了相关研究。这种叫作“光触媒”的东西，本来是用来分解车辆排放的废气等油量高的污垢，后来发现它可以保持建筑物外墙的美观，因而开始受到注目并被广为使用。

“光触媒”中使用了钛合物。钛合物中有着不可思议的特性，它并非本身会产生变化，而是一经太阳照射，会使附近的有机物产生化学变化。然后，有机物就会变成易溶于水的无机物，只要一下雨就会随之溶解流掉。就算是车辆排出的废气，像这种油污会吸附尘埃且会黏着在外墙不易脱落的污垢，只要有光触媒就能在阳光下自然分解掉[12]。

注 12：光触媒据说是从铁制白漆的栏杆中偶然被发现的。才涂上白漆没几天的栏杆，上漆的部分就浮出状似白色粉末的物质，使整体质量变差。经过研究调查后发现，因氧化钛与白色油漆作用后变成触媒，同时分解掉油漆中的有机成分才造成此现象。光触媒现在也使用于室内的马桶、窗帘、地毯等的防污功能，及病态住宅症候群（sick–house syndrome）的防治之外，也用在去除香烟或香水的异味上。

除了这些特性之外，淋上水时还具有会有效在表面形成一层薄膜的特点。利用此项特性，研究出将施以光触媒的外墙上喷上水，使建筑物整体包覆着一层薄薄的水膜，利用此汽化热从外冷却大楼的方法。若使用此方法，将相同建筑集合在一起使整个区域达到冷却效果，似乎也是指日可待的事。

光触媒的结构

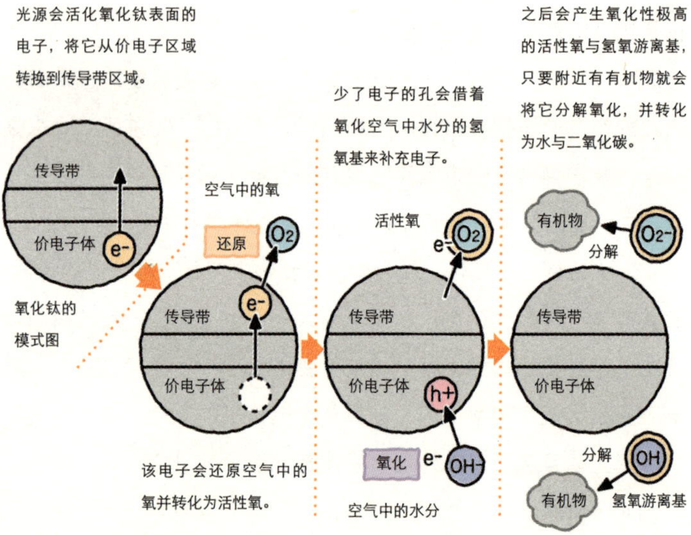

竞相争速的超高速电梯

高度越高的建筑越是需要能快速移动的电梯。有鉴于此，每当又有刷新纪录的超高层建筑完工时，汇集最新技术精髓的超高速电梯也会被盛大地介绍一番。

电梯宠儿——超高速电梯

从前被夸为日本最高的东京池袋阳光60大楼的超高速电梯，每分钟速度高达600米（时速36公里），不但是日本第一，更是以世界最快电梯而闻名全球。

之后兴建的东京都厅舍虽然刷新了大楼的高度成为日本第一，但或许是因为非商业用大楼，因此未采用超高速电梯。

其后，超越阳光60大楼的超高速电梯且跃居世界第一宝座的是，横滨“地标塔大厦（Landmark Tower）”的电梯。它的每分钟速度高达750米（时速45公里），建筑本身也高于东京都厅舍，高度一举成为日本第一。

但是，全球最快电梯的纪录却在2004年被台湾台北101大楼的电梯给超越了。它的速度为每分钟1010米（时速60.6公里）。虽然此座世界最高建筑里采用了世界最快的电梯，但实际上它却是日本制的，这样的话倒是令人感到一些安慰

然而，阿拉伯联合酋长国的迪拜预定于2009年竣工的迪拜塔（Burj Dubai）却成为最近的热门话题。有一种说法是，此大楼

将采用每分钟高达1080米（时速64.8公里）速度的世界最快电梯，但目前还无法确认。另外也有使用每分钟600米的电梯之说[13]。（据最新报载，迪拜塔电梯速度为全球之最，乘电梯2分钟可到塔顶，每秒升降约18米。）

此外，上述电梯的速度指的都是上升时的速度。因为下降时若过于加速的话，会有像自由落体般的感觉，令乘坐者感到不舒服。可能是基于此原因，据说台北101大楼电梯的下降速度和阳光60大楼同样都设计为每分钟600米。因此，以下降速度来说，地标塔大厦目前仍以每分钟750米的速度坐拥世界第一的宝座。如果想要体验世界最快的下降电梯，就到横滨走一趟吧！

横滨地标塔大厦

电梯对超高层建筑的挑战

建筑的高层化现象不知何时会停止，而与之相呼应的电梯也需要相当高度的技术研发。

据说高速行驶的跑车最重要的就是煞车功能。超高

注13：迪拜塔的电梯工程是由超高层建筑专用电梯的老字号名店奥的斯公司（Otis，美国）所取得，目前正是让世人一窥其本领的时候。迪拜塔是一座神秘建筑，兴建细节并未公开。因为高度方面若太早对外公告的话，将会成为另一座大楼想要超越它时的参考数值，因此特别严加保密。它可能会是一座超过800米的超高层建筑，据说单是天线部分就有200米之高。

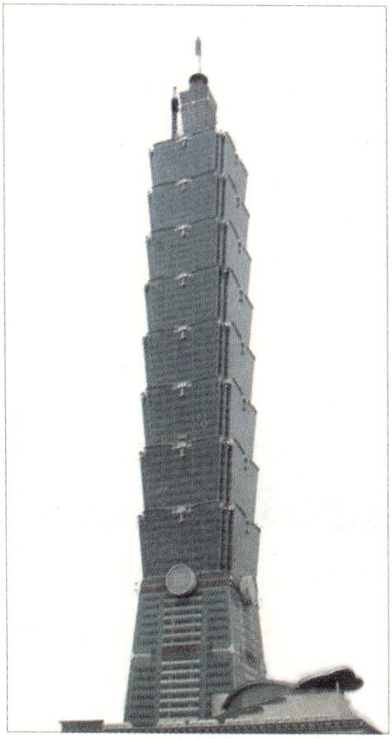

台北 101 大楼

阳光 60 位于阳光城 (Sunshine City) 这座复合设施中。其内有各式各样的设施，是世界屈指可数的复合式建筑。

流线型的超高速电梯

超高速电梯的轿厢是这种流线型的形状。轿厢的壁面采双层结构以提高隔音与坚固的性能，电梯门则为气密式结构。

速电梯在快速升降的时候，安全又确实的煞车装置也是很重要的。另外，也有很多人在飞机起飞或降落时，因耳压关系在耳内会有“啵”一声的感觉。同样地，超高速电梯若无法控制环境压力的急遽变化，也会使乘客感到不舒适[14]。

在机轴内快速运转的电梯所引起的风声也不容忽视。超高速电梯的开发，还有许多比快速升降更重要的事，它是一门相当深奥的学问。

在日本也持续进行相关具体的开发，譬如每分钟速度达 1300 米的超超高速电梯，或是乘坐人数可高达 70 人的大型高速电梯。还有，一个机轴内可同时运行多台电梯轿厢，或是不单只有上下升降，还能横向或斜向自由运行的电梯，或许在不久的将来也可看得到。

注 14：以台北 101 大楼为例，当启动紧急煞车装置时，由于摩擦材料的表面温度会超过 1000℃，因此采用特殊陶瓷材质。另外，为了不使轿厢内部压力产生急遽变化，会安装调节气压的装置。甚至还会装设防震器以减轻横向的晃动。

电梯的过去与未来

接下来，我们来介绍对建筑高层化大有贡献的电梯，是以什么样的结构来运作的。在未来的超高层建筑里，或许也需要未来式的电梯。

初期的电梯并未使用电力

电梯对美国摩天大楼的出现贡献良多，早期使用的是利用蒸气动力引擎的蒸气式电梯，之后出现的是备有水槽的水压活塞式电梯。水压活塞式在欧美非常大众化，巴黎艾菲尔铁塔内设置的电梯也是水压式，纽约于 1883 年制造的水压式电梯至今仍看得到在某些建筑内被使用。另外，最早的电动式电梯是 1880 年由德国人艾伦斯特·贝鲁那·峰·西门子所发明。

位于纽约的格兰美西公园东村的公寓，据说现在使用的电梯是 1883 年制，是现存最古老的水压式电梯。

日本最早设置乘用电梯的凌云阁并非使用水压式电梯，而是采用当时最新型的电动式电梯。或许是这个原因，蒸气式或水压式电梯在日本并不普及。

卷扬式与油压式为大宗

目前较常见的是卷扬式电梯。它的原理是钢索的一端联结着电梯轿厢，另一端悬吊着平衡锤，利用滑轮像吊桶汲水般来转动。为了不使左右两边相互碰触，基本上是沿着导引轨运转。有时候大家在等电梯时会看到机轴内的黑色影子与轿厢呈反方向运作的画面，那就是平衡锤。这种电梯就叫作"卷扬式电梯"。因为是将轿厢往上悬吊的结构，因此上方需预留可存放卷扬机或滑轮的空间，这里就叫作电梯机房。而为了摆放这些机械的房间叫作阁楼。

流线型的超高速电梯

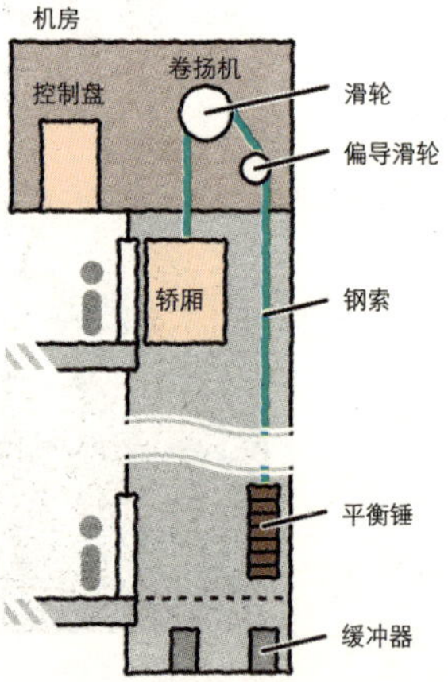

卷扬式电梯是利用卷扬机将"吊桶"作上下移动。

油压式电梯的原理

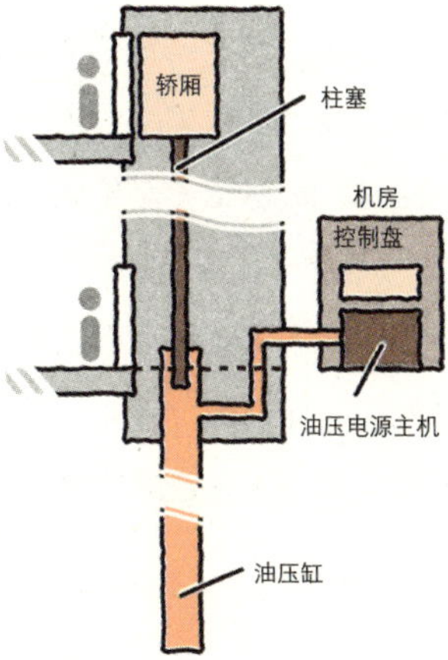

间接式油压电梯是利用活塞直接推动轿厢上升。

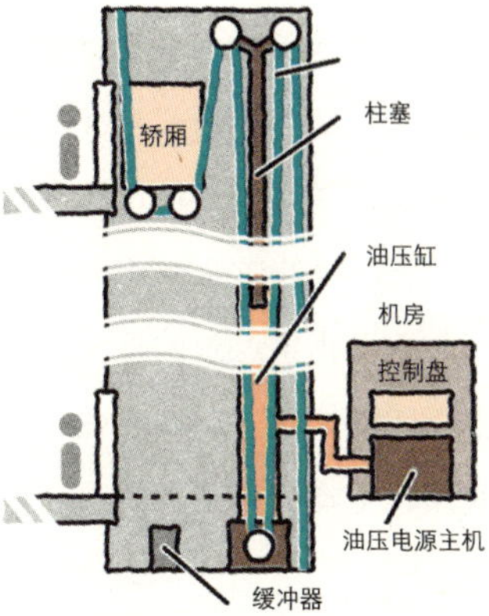

直接式油压电梯是将活塞的运转传达至钢索使其上下移动。

最近发明一种无机房型的卷扬式电梯。正如其名它不需要机房。一般的卷扬式电梯，在其轿厢上方需设置存放卷扬机等设备的机房，因此在电梯顶层的上方还要预设一个突起约一层楼高的阁楼。在有高度限制或对顶楼平台严格管制的地方，这个阁楼规划常常会成为设计上的障碍。因此，在法规管控严格的建筑用地上，建筑商们皆视既美观又符合法规的无机房式电梯为珍宝。

油压式电梯是利用活塞伸缩的特性，推动轿厢上升下降。因为它的机房位置的摆放较自由，不需要设置在顶楼，所以外观显得较为工整。像家庭用电梯这种机房摆设不易，且仅需联结上下层即可的状况时最为适合。

卷扬式电梯的极限

油压式电梯的活塞在伸缩上有限制，因此较不适合楼层数多的建筑。反之，卷扬式电梯只要将钢索不断地加长即可，因此超高层建筑几乎无例外地都采用卷扬式电梯。可以把它想象成在深井内拉长吊桶的绳索来汲水的画面。

然而，钢索过长的话，会有承载不了钢索本身重量而断裂的疑虑。一般来说，行程若超过 600 米就会有此疑虑。因此，设有直通顶楼电梯的高 509.2 米的台北 101 大楼，或许这就是它的极限了。

无机房式电梯的原理

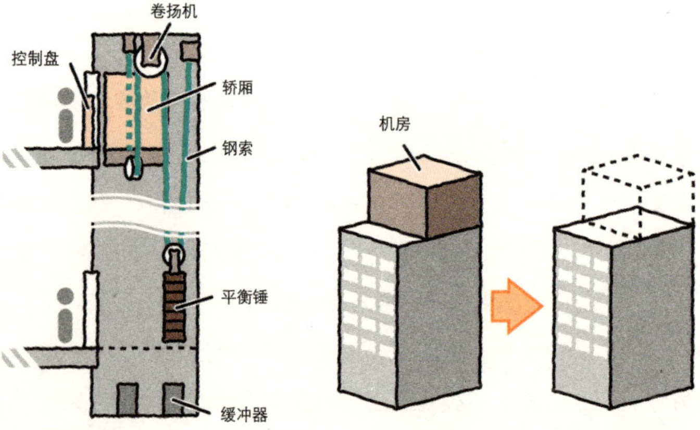

无机房式电梯是在卷扬电梯的卷扬机与控制盘下工夫，将它们从楼顶往下移设。优点是少了机房所占的空间。

未来的线性马达式电梯

既不需要机房也不需要钢索的极致型电梯，今后似乎会慢慢普及。这是应用线性马达原理于电梯上的技术。运用线性马达的电梯，可以想象成平衡锤变成线性马达上下行走。因为“吊桶式”的运转只需小小的驱动力，且发生停电时也较为安全。但是如果可以把轿厢置于磁悬浮车内的话，既不需钢索，而且不论是上下、斜向、弯曲方向皆能自由移动。还有，就连超高层建筑的直通电梯也变得可行了。目前离实际运用还差临门一脚而已。

线性马达的运作原理

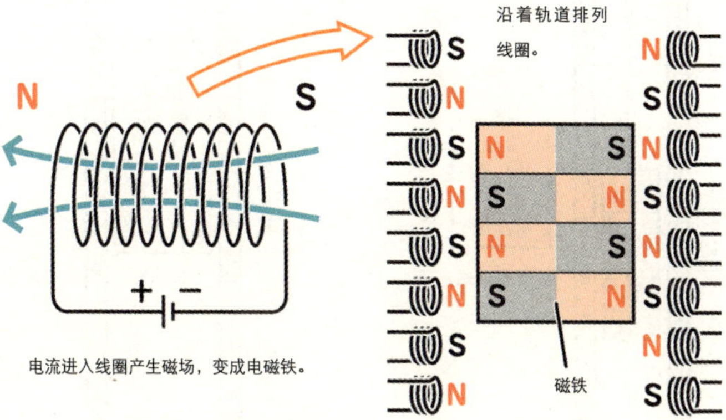

在导引轨上使用线圈的电磁铁会被排列着。

线性马达式电梯

例：线圈在吸引磁铁 S 极过去的瞬间之前是 N 极。下一个瞬间改变电流方向，线圈变为 S 极并推开磁铁的 S 极。

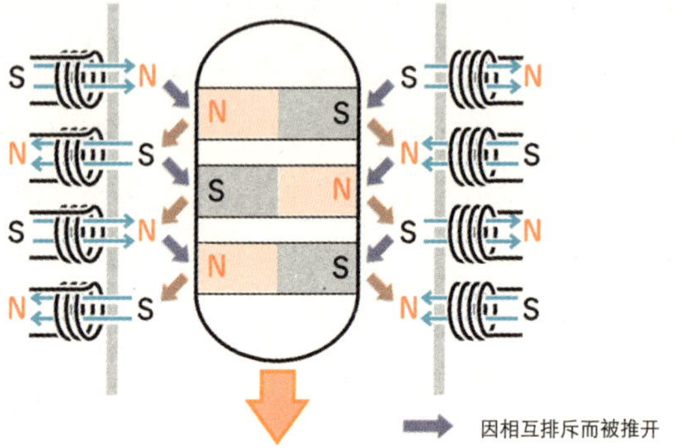

这是推动电梯升降的结构。

利用磁铁的吸引力与相斥力使电梯运转。

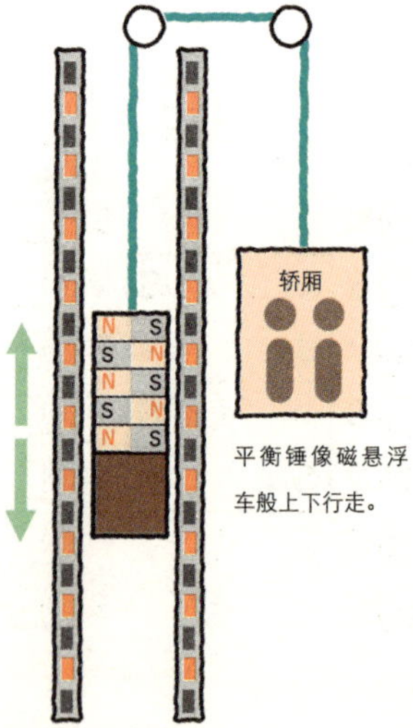

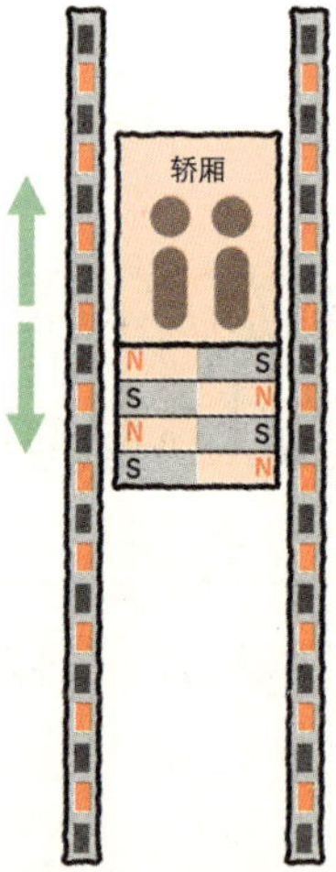

将平衡锤置入磁悬浮车内，仅需小小的驱动力即能运转，即使发生停电也不须太大的煞车动力就能停止运行，相当安全。

若轿厢本身变成磁悬浮车的话，少了钢索的限制，轿厢随着导引轨不论纵向、横向、斜向皆可自由自在地行走。

电梯的故事

电梯是掌控着人命的重要设备，因此总是投入最尖端的技术，同时它对超高层建筑的发展也做出了相当的贡献。

贡献日本首座超高层建筑的日本人

在日本还没有高度设限的年代里，曾经出现委任聘雇的外国设计师兴建的超高层建筑。那就是1890年建于东京浅草的凌云阁。那里曾经设置了日本首座乘用型的水压式电动电梯。而完成此盛举的，是对日本电气产业之发展贡献良多的藤冈市助。

藤冈市助几乎可说是发展日本国内所有电气技术的始祖。他不但将发电机和白炽电灯国产化，也是让电车首度在日本行驶的人物。

凌云阁有两座10人乘电梯，联结了1楼到8楼。

藤冈市助。图片提供：东芝科学馆。

秘密的电梯门

超高层大楼有着秘密的电梯门，这可能连在那里上班的人也不太清楚有它的存在。请注意看看，或许你会在不经意的时候发现一道既没有乘坐显示器也没有呼叫钮的特殊电动门。

一般发生火灾或地震等紧急情况时，电梯的设计是快速地停在最近的楼层让乘客避难。然而，因超高层建筑施行使用者的群组区分，所以会有经过低楼层不停，直接行驶到中楼层或高楼层的状况，以缩短抵达目的地楼层的时间。

当行经不停靠楼层而发生火灾或地震时，可能会有想要停靠到最近楼层，却离可停靠楼层还很远的情形。它的因应之策是，如果连续不停靠的楼层有11楼以上的话，规定在中间楼层须设置一个“紧急停靠用出入口”。或许绝对不会用得上，但这是为了预防万一特别设置的一个可安全避难的出入口。如果你不经意发现了一个既无乘用显示器也无呼叫钮的特殊电梯门的话，或许那就是法律规定的“紧急停靠用出入口”。

钢索断了也无妨吗

卷扬式电梯备有多重安全装置。电梯速度异常时，首先会对扬卷上来的机器进行煞车动作。如果那样还无法停止的话，安装于轿厢内的紧急停止装置就会像夹起导引轨般地启动煞车系统，就算万一钢索断了，轿厢也会将导引轨紧紧夹住不会掉落。

电梯轿厢从哪里置入

因为外国制电梯会让人感到摇晃或听到飕飕的风声，因此据说外国制电梯给很多日本人的印象是速度比日本制电梯快得多的印象。事实上，日本制电梯就像吉尼斯世界纪录中记载般的快速，晃动程度也很小。电梯轿厢的制作精密度高，隔音功能亦佳。也有加装冷气装置的电梯。那么，制作的如此扎实的电梯轿厢究竟在大楼兴建时从哪里放进去呢？

一般的正确解答是，把轿厢零件搬入后，在电梯机轴内组装。其余让电梯行驶的专用轨道或是补强材料、零件等等也都是由电梯厂商自行准备，再安装于建筑商准备好的机轴钢筋上。但是，若是小型建筑的话，有时候也会利用起重机将完成的轿厢从上方吊入大楼内。

小常识

你曾经按错欲前往的电梯楼层吗？这时明明时间紧急却慌慌张张地按错按钮，反而更加浪费了时间而感到懊悔。最近有一款电梯，内部装设了一项可弥补这种人为疏失的贴心装置。当按错楼层时，只要在该楼层钮上轻轻敲打两三下，可能就可以取消了。

二

巨型建筑的支撑与防护技术

支撑巨型建筑的技术

金字塔的地基

埃及金字塔中规模最大者，是公元前2400年左右建造的“胡夫金字塔”。推估它底部边长230.3米、高度146.6米，总重量580万吨。那么，支撑这所有重量的地基究竟是如何完成的呢？

据调查，它是将岩盘依水平式刨切后，再一片片往上堆建而成的。兴建技术非常了不起，底部四边几乎正确地依着东西南北的方位兴建，四个底部边长之误差仅为0.08%。除了讶异于4400年多前即拥有此技术外，更令人吃惊的是这种精准度竟能维持4400多年。在地基方面，或许其中还隐藏着我们尚未探究、或者该学习的技术[1]。

胡夫金字塔

注1：据说金字塔中还隐藏着“黄金比例”与“圆周率”原理。金字塔单面三角形的高（186.4米）除以底边230.3米的一半长度，会得到接近黄金比例（1.618）的数值。四个底边总长除以金字塔的2倍高度，则会得到接近圆周率π（π＝3.1416）的数值。

号称世界第一建筑的地基也超绝

迪拜塔包含尖塔部分就超过 800 米，堪称世界第一的超高层建筑。建筑本体的低楼层部分是 RC 结构（钢筋混凝土），高楼层部分则是钢筋结构所建造而成。这个巨大的地上物是由重达 11 万吨的混凝土地基，以及 192 根垂直打入地面直径 1.5 米、长 50 米的地桩所支撑起来的。2005 年发生于接近伊朗南部的大地震时，迪拜也感受得到此地震带来的震动。虽然没有发生特别的灾害，但是据说超高层大楼的顶端持续了好一阵子的缓慢震动。在此顺便一提，截至 2007 年为止拥有世界最高大楼称号的“台北 101”，它的地基是由地面打入 380 根直径 1.5 米、长 80 米的地桩，其中一部分甚至深入岩盘中 30 米之多。台北的地盘不算太差，再加上经历过大地震，因此是相当坚固的地基。

迪拜塔与台北 101 大楼的基础地桩

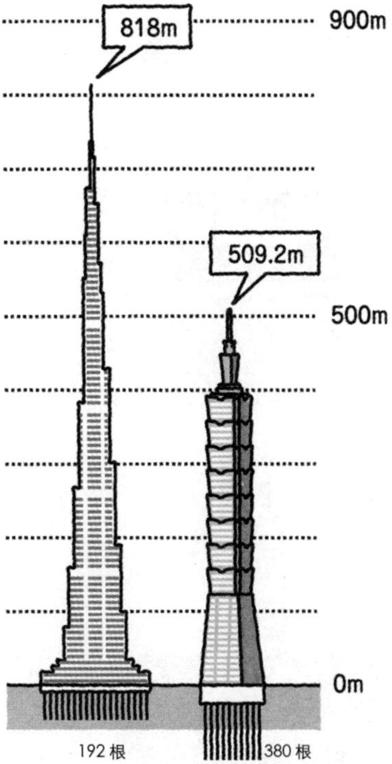

巨大建筑中蕴藏浮力原理

你知道阿基米德定律吗？当他大喊“我找到了！”并从浴盆跳起来，就是因为他发现，身体浸入水中会减轻它所排除的水的重量。亦即“流体中的物体所受到的浮力大小，等同该物体浸入流体中的重量”，此“阿基米德定律”不仅只适用于水的原理，亦可用于土的应用。

土的质地坚硬，怎么也无法将它连想为流体，但是对巨大建筑来说，土具有像水一样的特性，因此可以加以运用。也就是说，在兴建地下楼层时，就好像是地面上漂浮着一艘大型船一样。

水与土地的浮力

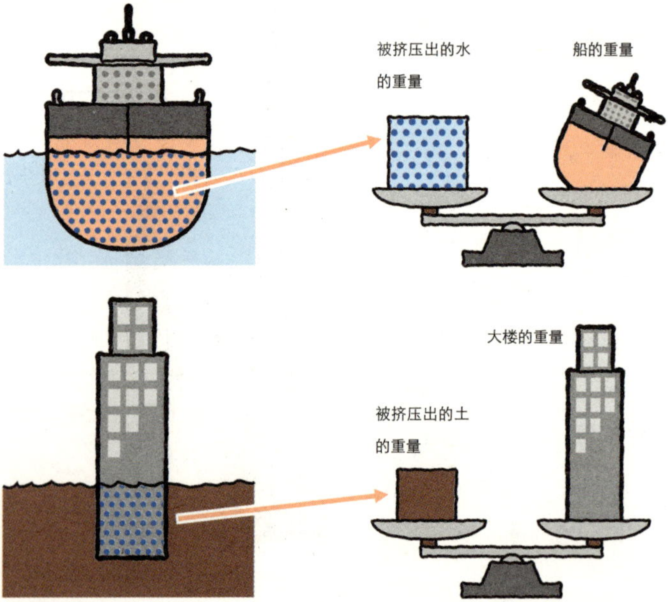

台电大楼浮在地面上

台湾首座超高层建筑的台湾电力总公司大楼，地下 3 层、地上 28 层，以“台电大楼”之称而广为人知。事实上，此栋大楼里几乎未使用基础地桩。它是利用将大楼浮在土中的原理来设计的。

建筑物地下部分挤压掉的土所造成的浮力，与建筑物本身重量间相互取得平衡，才将建筑物整体矗立起来。事实上由于浮力过大，建筑物最底端置放一个灌入 4 米厚混凝土的大型秤锤。据说兴建地下楼层时，现场施工人员担心建筑物会从地下往上浮起，不过随着地上楼层一层层建造上去，建筑物本身重量也逐渐稳定。完成时，刚好是当初所计算的高度，既无过度浮起，也未过于下沉，令人钦佩不已。

未使用基础地桩而使用浮力拔地而起的台湾电力总公司大楼。

地标塔大厦也曾经要浮起

号称日本最高的横滨“地标塔大厦”，地下3层、地上70层，拥有日本最快电梯而闻名。此建筑因直接兴建于坚固的岩盘上，所以没有基础地桩。但是这样的话，建筑物会从地下浮起，因此在建筑物最底部打入了5米厚的混凝土。据说为了打入此混凝土，搅拌机列队动工了三天三夜。

日本最高的地标塔大厦也是和浮力相互取得平衡后才矗立而起。

既然是日本最高大楼理应相当重，但是土的浮力也是不相上下的。

上野车站也因浮力问题而苦

东京上野车站于1985年完成东北新干线的地下4层月台时，曾因是地下车站而备受注目。月台下方是列车的维修空间，因留有一处约可让自行车行走的充分空间而蔚成美谈。然而其后因地下水水位上升，再加上意想不到的浮力作用，使得车站好像要浮起来一般。据说当时的因应之策是，利用此空间置入约 37000 吨的铁锤，之后再打入 603 支地锚桩基。

事实上，同样的状况也曾发生在东京车站。为了不让车站从地下浮起，当时将地下横须贺线与总武本线的月台地板移开，并从地底下打入了 130 支锚钉。

设置于上野地下车站内的铁锤与地锚桩基

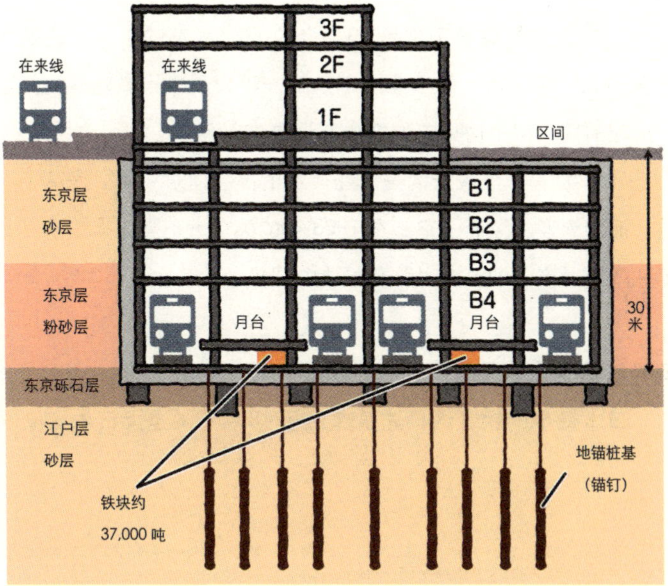

巨型建筑的地震对策

明治以后，砖造、RC 结构、钢筋结构等建筑技术从欧美传入日本。但是对于地震的对策却因法律尚未完备，因此没有相关法律规定的日子持续了好一段时间。

砖造的时代

明治时代砖造建筑广泛兴建于日本全国各地。常见于县市政府的办公大楼、国防相关设施、银行等地方。当时使用的砖块等建材几乎都是仰赖进口[2]。

日本正式的砖块工厂是 1872 年兴建于东京的小菅。这是为了曾因火灾蒙受损失的银座所创建的一项大规模不燃建筑物。当时比起耐震，似乎对火灾的警戒意识更高。

1890 年完工的凌云阁是一座砖造的高层建筑，因“浅草十二层”而受欢迎。然而，它却在 1923 年的关东大地震中损毁了。此事件成为后来人们改变对耐震想法的契机。

钢骨结构时代的来临

日本最早的钢骨结构建筑建造于 1894 年，是大日本印刷的

注 2：目前广岛县・江田岛的旧海军官兵学校（现在的海上自卫队第一术科学校・干部候补生学校）里被保留下来的红砖造的学生馆，是 1893 年完工的建筑。该红砖是英国制造，据说当时每块用纸包装而成的红砖都是远从英国以军舰运送至日本的。

横滨赤炼瓦仓库（1911 年完成）

福冈旧日本生命保险（1909 年）

近卫师团司令部（1910 年完成）

浅草凌云阁（1890 年完成）

前身——秀英社位于东京京桥的印刷工厂。据说建材是从法国进口的。此外，1910年于日本桥兴建的丸善总公司，由于是第一栋真正以钢骨结构建造的办公大楼而闻名遐迩。

丸善总公司

此建筑也因关东大地震而倒塌，然而听说它非因地震而倒，而是因为火灾引起高温致使钢骨失去强度才倒塌的。

RC 结构时代的来临

三井物产横滨分公司

日本最早以RC结构建造而成的建筑，有人认为是在1907年竣工于神户和田岬的东京仓库（三菱仓库），也有人认为是东京深川的涩泽仓库。第一栋真正RC结构的办公大楼是三井物产横滨分公司，它是在 1911 年所建造，至今仍被保留下来，现被视为横滨市的历史建筑。而第一栋 RC 结构的商业建筑则是兴建于 1912 年的京都高岛屋。

地震的防灾对策是从关东大地震发生后才开始

建筑物的耐震研究始于 1892 年，起始原因是在前一年的浓尾地震中遭受了巨大损失的缘故。虽然在 1920 年首度施行了建筑法规的《市街地建筑物法》，但是当时还没有针对耐震的结构做出相关规定。

1924 年时进行了法规修正，耐震计算首度被义务化。那是因为前一年发生了关东大地震的缘故。当时，不但前面提及的凌云阁倒塌了，以不燃防灾都市为名所规划的银座红砖街也毁损了，全都化为一堆瓦砾[3]。

此外，这项《市街地建筑物法》相当于现在的《建筑基准法》，

同润会上野下公寓（1929 年）是现存相当珍贵的建筑。

而其中新设的耐震相关规定，因为是前所未有的耐震法规而闻名于世。

第一栋真正以RC结构建造的集合住宅是"同润会"[4]的公寓小区，这也是为了关东大地震的灾后重建所兴建的。同润会的公寓同时满足耐震与防火效能，是人人向往的集合住宅，后来变成了往后住宅区的一个典范。1926年完成了第一批建筑。

注3：位于东京·两国的"江户东京博物馆"内有展示凌云阁和银座红砖街的模型，可想象当时的情景。

注4：所谓同润会，是以关东大地震后的灾后重建为目的，依照国家政策所成立的财团法人。主要是处理关东大地震后来自国内外各地的捐助款，由当时的内务省成立。

耐震、减震与隔震

不只是巨型建筑，地震对所有建筑物来说都是个大威胁。这一部分，我们一起来看从地震中守护建筑物的"耐震结构"。另外，我也想谈谈，"柔性结构并不是为了超高层建筑而特别开发的新式建筑手法"这个观念。

耐震结构中有分刚性结构与柔性结构

为了保护建筑物免于地震灾害所采取的方法就叫作"耐震结构"。耐震结构中可大概分为"刚性结构"与"柔性结构"两种。两者都是为了对抗地震能量的建筑手法。

刚性结构是以本身力量来对抗地震能量以防止建筑物变形的结构。也就是说，建筑物的立柱、横梁、墙壁、楼板等结构材皆互相坚固地接合在一起，即使地震的力量来袭，也会阻止建筑物变形，是一种可以抵挡住地震能量的结构。

相对于此，柔性结构则是在某个范围内容许建筑物的变形，以吸收地震能量来与之抗衡的一种结构。以具体的结构材来看的话，刚性结构正如其名，结构材间彼此紧密地结合在一起，同时构件本身亦强度高、体积大。大多使用斜交叉迭架，并固定成坚硬材质的方式就是刚性结构[5]。

注 5：东京大学建筑学系的校舍，是从关东大地震中倒塌的建筑废址里重新建造而成的。由于当时建筑已损坏得不成样，因此重建时不仅柱子，就连横梁也粗得离谱，据说粗到"就算倒掉了也不会坏"的程度。仿佛就是一栋刚性结构的典型范例。

而所谓的柔性结构则是让结构的联结部分，事先设计成接受在某个程度内变形并能随之晃动的结构。接缝处刻意保留些许松动，就像是一移动就嘎吱嘎吱作响的桌子，或是像在木制骨架的余裕范围内轻轻地晃动的五重塔，就是典型的柔性结构体。

我们往往认为〝耐震用的建筑物就是把它建造得既坚硬又牢固〞，那是因为在大家接受柔性结构之前，把〝耐震结构〞与〝刚性结构〞画上等号的刻板印象。

传统木造结构的接合与五重塔的结构

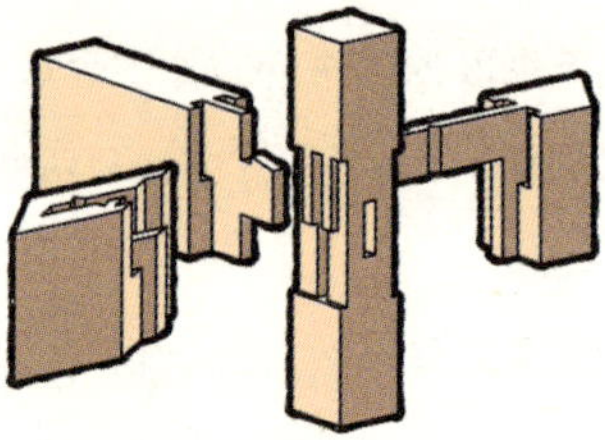

被称为传统的接头或接口的木制骨架，利用增加它木头与木头间的接合面积，以期变形时能更加有韧性地支撑整体结构。

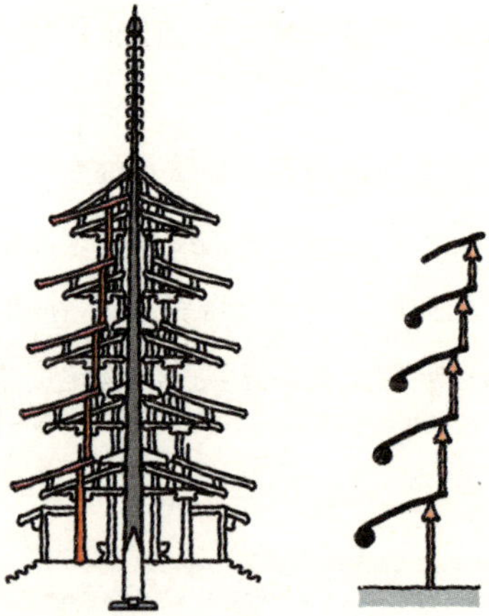

五重塔的结构可以把它想成墙壁是支撑点、屋顶是其手臂的日式玩偶“弥次郎兵卫”层层堆栈而上的架构。柱子不是用来支撑重量，而是用来防止各楼层向横向歪斜的导引轨。

刚性结构的时代

事实上，1923 年关东大地震之后，究竟刚性结构好，还是柔性结构佳，建筑学会曾经分两派，彼此争论不休。也就是说，当时的年代里就算只是要设计相当普通的低层建筑，也会因为到底要以刚性结构或柔性结构来设计而彼此争论。然而，尽管争论结果混沌不明，以刚性结构为主流的想法因法规上的优势，在 1960 年代超高层建筑重新接受柔性结构以前，都是以刚性结构为主流。

有关它的前因后果，我们再稍微深入回顾一下吧。

建筑物里有所谓的"固有周期"。当它与地震的周期重迭时，就会引起共振并大幅摇晃。严重的时候建筑物有可能会被破坏。柔性结构派的真岛健三郎博士们的主张是"柔性结构中有延长固有周期的特征，能避开与地震间的共振，因而达到耐震的效果"。

然而，刚性结构派的佐野利器博士与武藤清博士们却反驳此论点，他们认为"因为地震波里也有长周期，即使延长固有周期也无法避免共振。所以柔性结构的避震效果并非绝对"。由于当时地震相关数据不足，对于彼此的争论无法定论。包括法规在内也都含糊不明，使得当时的潮流倾向于刚性结构，而柔性结构一时之间成为一种不被使用的废词。

后来，二次大战结束后，关于地震的详细数据渐渐出炉，才慢慢了解到，地震的震动越是周期长，对建筑物越不会产生影响，而柔性结构理论也是成立的。

日本首座超高层建筑的霞关大楼[6]就是采用柔性结构理论设计而成，证明了素有地震国之称的日本也能兴建超高层建筑。

刚性结构与柔性结构示意图

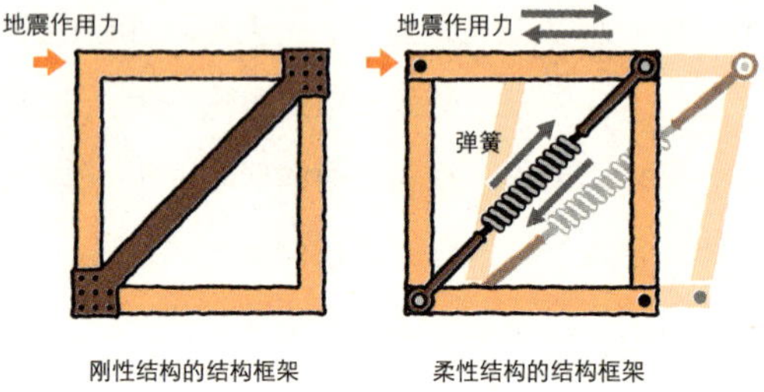

固有周期

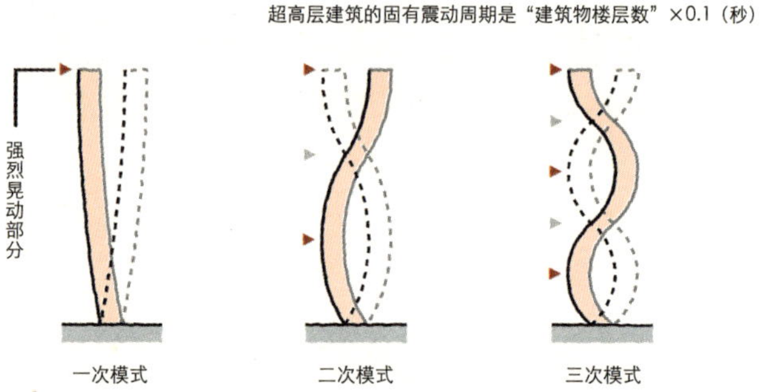

固有周期会像依其长度陆续有一次、二次、三次……一般产生数次固有震动模式。高度较低的建筑只要考虑固有震动的一次模式即可，超高层建筑则因固有周期较长，会设计成考虑二次以下的模式，以避免错开地震震动的周期。若在二次模式时引起共振的话，建筑物摇晃得最严重的部分是最上面的部分，以及由下往上算的三分之一处。

注 6：过去是刚性结构派先锋的武藤清博士担任了霞关大楼的结构设计。他重新检视柔性结构的有效性，依照其理论完成了崭新的结构设计，因此往往被认为他似乎就是柔性结构理论的先驱者。其实早在当时的 45 年以前，就有真岛健三郎博士这种柔性结构理论拥护者们的存在。

耐震、减震、隔震的相异点

耐震从广义来说是指耐得住地震的结构，结构上可分为刚性结构、柔性结构、减震结构、隔震结构。

关东大地震以后，讲到耐震就会联想到刚性结构，把建筑物建造得既坚硬又牢固成为当时社会的普遍观念。后来，拜赐计算机与解析技术的进步，开始出现超高层建筑，柔性结构才被视为耐震的另一重要选项而重新被认识。柔性结构不易与地震波共振，因此一般认为地震的能量很难进入建筑里面。然而，最近因为发现了一种很接近超高层建筑周期的长周期地震波，成为一个今后必须克服的问题。

减震则是可吸收地震能量的一种结构，例如利用阻尼器（减震器）来吸收能量。此外，隔震是指让震动能量变得不易传达的构成方法，因此是一种更高度技术的结构[7]。

刚性结构与柔性结构　减震与隔震的差异

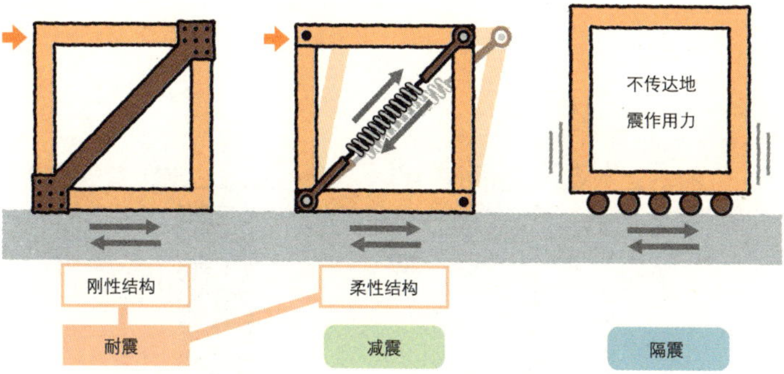

注 7：刚性结构在被法规硬性规定以前，就有类似现今开发而成的减震装置或隔震装置的存在，当时有一部分的技术人员已经想出这样的装置。

何谓减震（制震）

地震传达到建筑物以后，能够吸收它晃动能量的就是减震。减震装置可大致分为“使用质量移动”类型与“吸收能量”类型等两种方法。

* 质量移动型

所谓“质量移动”是指，地震发生时建筑物会像单摆般摇晃，此时利用巨型摆锤反向操作，藉以消除建筑物摆动能量的一种方法。这种结构非常简单，但是为了使其发挥效果，有容易变成大型装置的缺点。

以钟摆原理来思考的话，设置在离地面最远的最上层或楼顶应是最有效果的，不过也有设计成将能量分散于各楼层的方法。如字面所示，使用以微电脑控制来运作的活塞，将巨型摆锤移动至欲取消震动的方向。另外，也有设置减震用的水槽，利用缓慢摆动的水波来取消震动的类型。

建筑物像是扎入地面般的大型单摆

利用质量移动来缓和摇晃

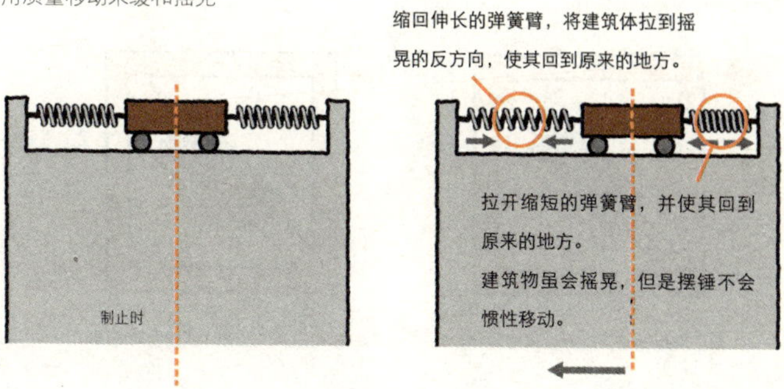

* 吸收能量型

“吸收能量”的类型是指，利用像是油压阻尼器的装置，把快让建筑物变形的能量转换成热能发散出去。其特征是装置的体积较轻且小巧。还有，一般都是装设在下层部分而不是屋顶。那是因为当建筑物因地震而开始摇晃时，尽管下层部分会被地面拉扯并施以强力，但却没有多余耐力的缘故。

装设的油压阻尼器是类似使用于汽车掀背式上的开关。宛如将这个油压阻尼器夹在建筑斜支柱的重点处般的安装方法。斜支柱为了要抵抗随着摇晃而快被压垮的力量，本身需要耗费很大的能量。因此，油压阻尼器在这里夹住的话，就仿佛掀背式汽车的门在开关的时候，会吸收作用于转轴方向的力量。

虽然我们的眼睛看不到，但是被施加的能量会转换成热能而发散不见。因为此种结构不会让它产生位移作用，而是将它转换成热能的缘故。如果在油压阻尼器内再加装感应器与微电脑控制装置的话，就变成了会自动感应震动并自行运作到反方向的“主动型减震阻尼器”，现在这种阻尼器也已开始广泛被使用。

油压阻尼器的减震结构

油压阻尼器被拉扯时会慢慢地伸长。

油压阻尼器被压缩时会慢慢地缩回。

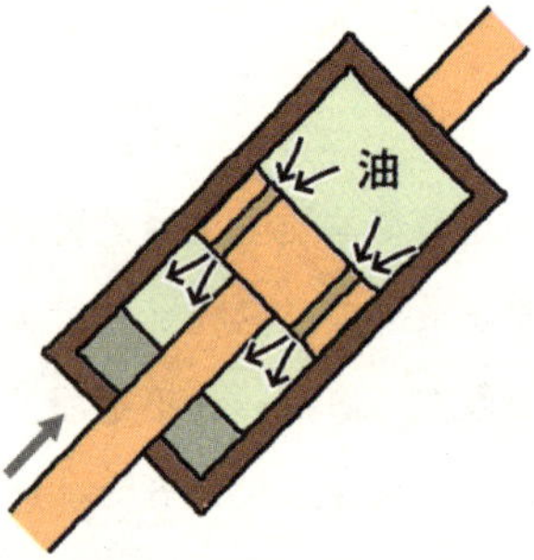

为了让活塞能自由运作，油压缸内的油会透过被装设在活塞中的狭窄小孔来移动。当通过狭窄小孔时，因为油的黏性所造成的摩擦会减低其能量。

使用黏性树脂的减震装置

照片提供：东洋化成、丸构造设计室

此外，也有夹入黏性强的树脂，将构件交叉迭置为成套式的减震装置。这种类型适合用在一楼较高、风可穿堂而过的"底层挑空"式建筑的空间补强。

减震装置重要的一面

减震装置是柔性结构的一种，具有弥补刚性结构缺点的特质。斜支柱是刚性结构的代表性构件，它的四角框为了不被压垮而以强劲的力量来支撑。问题是，万一被施加了它无法承受的强大力量时，斜支柱就会倒塌。

斜支柱一旦倒塌，它的支撑力变为零，就和没有任何补强的状态没有两样，所以，框架在转瞬间被压毁是相当可怕的情形。即使斜支柱材质坚固没有损坏，有时也会撞破梁柱的框架。这时的结果也同样与没有斜支柱是相同的。因此，减震装置会干涉刚性结构支撑不住的强大外力，并将它分散，因而具有弥补刚性结构缺点的一面。

斜支柱的作用

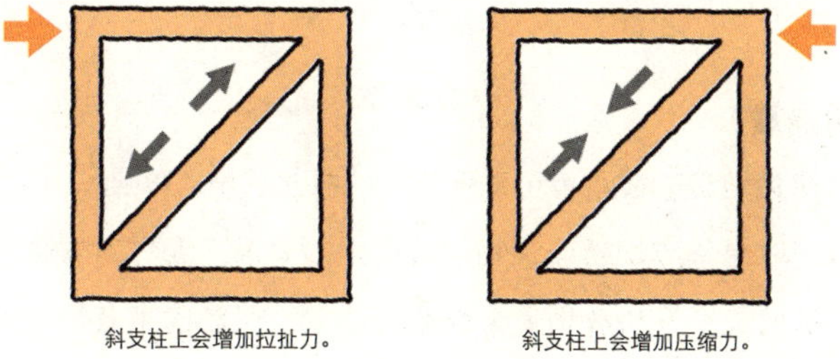

斜支柱会抗衡这些作用力防止其变形。

斜支柱损毁时的可怕结果

当施加超过斜支柱能容许的力量范围时，斜支柱会被破坏，建筑整体也会倒塌。

贯（横贯柱与柱之间的木材）的减震功能

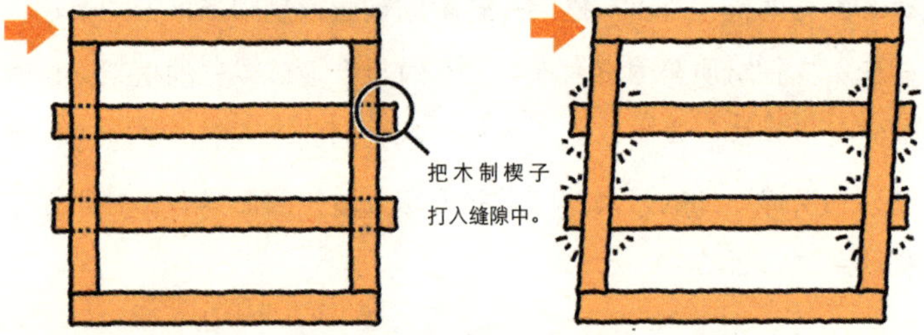

传统工法不使用钉子等五金用品，将木头与木头紧紧地组装在一起。

因木材的相互咬合力而用力顶住，所以虽会变形但不容易被破坏。

何谓隔震

避免地震的震动传至建筑物上的概念就是〝隔震〞（免震）。隔震可以想象成切断建筑物与地面间的关系。理想的隔震结构是像气垫船或直升机般地完全飘浮在空中，但是现实上有它的困难之处，因此，才会把它想象成类似的造型。或许有些人会认为怎么可能让建筑物这样的重型物飘浮在空中，但是随着隔震技术日新月异的进步，如今已经可以把它使用在高层建筑上了。

在规模较大的建筑里，会使用铁板与橡皮交替重叠而成的积层橡皮垫，或者是把它与铅心组合成铅心积层橡皮垫之后再铺设于地基上。这种做法如果使用在像住宅这种较轻的建筑上的话，若积层橡皮过硬会无法产生效果，但若过于柔软，就算没有地震也会呈现松软状态，因此不适用。使用在住宅型建筑上的隔震系统，也有像在盘子上放一颗球，球上面再放上一栋建筑那样的结构。它的原理是，即使发生地震地面开始摇晃，球会变成移动重物时的圆木，建筑物则因惯性定律的作用而不会受到影响。

积层橡皮式的隔震装置

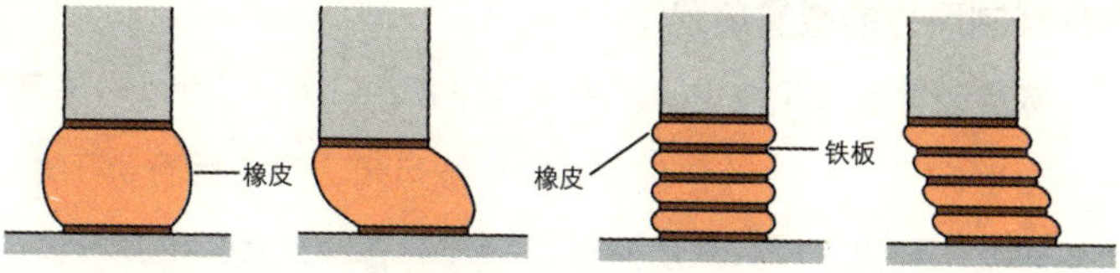

将铁板与橡皮交替重叠是因为铁板会抑制橡皮的过度变形。

降低风力造成的震动

建筑物并非只需承受结构体本身的垂直重力，还必须考虑横向的作用力。这个来自横向的作用力可大致区分为两种。一种是来自“地震”，一种是来自“风力”。由于日本是地震国，只要讲到让建筑物横向摇动的作用力，我想大部分的人立刻浮现脑海的就是地震，但是像超高层建筑这种巨型建筑物，风力造成的影响也是非常大的。首先，我们就先来看看自古以来防制建筑物振动的方法吧。

各种抑制风力的减震装置

减震装置是将机械震动学的“质量阻尼器(Mass Damper)原理”应用在建筑上，于1970年代开始实际被运用。它包括滑动秤锤、使用单摆、利用水槽内水的反作用力等等各种方式。滑动秤锤的方式称为“调谐质量减震装置”，或是“调谐质量阻尼器”（Tuned Mass Damper，简称TMD）。

使用单摆的方式则是“单摆式调谐质量减震装置”，或称为“单摆式调谐质量阻尼器”（Tuned Pendulum Damper，简称TPD）（依情况而定，有时会归类到TMD）。而使用水槽的方式称为“液体式调谐质量减震装置”，或是“液体式调谐质量阻尼器”（Tuned Liquid Damper，简称TLD）。这种类型有时也被称为“液体冲激式调谐质量阻尼器”（Tuned Sloshing Damper）。

花旗集团中心大楼（Citigroup Center）：滑动式

花旗集团中心大楼是全世界第一个使用减震装置来降低风力的超高层建筑。这栋位于纽约曼哈顿的59层建筑，是在1977年竣工、总高度279米的办公大楼，由建筑师史塔宾斯（Hugh Stubbins）设计而成。本来从原来建于该地的教堂手中取得上空权[8]后，把它变为更高的建筑，但基于当时的交换条件，地上部分必须留设教会与公共空间。因此，59层高的超高层办公大楼变成一栋顶在四根35米高的巨型柱上的结构。

而且，柱子并非在结构体的四角，而是设置在各边的中央部分，所以虽然实现与教会间的承诺，但却变成了一栋外观看起来结构不够稳定的建筑。

装设在大楼最上层的减震用混凝土质量块是一块长宽9.5米、高1.9米的巨型物，因此重达400吨的重量在面对大楼摇晃时，会使用微电脑控制的油压活塞来运作。此项装置最高可将风力引起的摇晃程度降低至50%。

大楼脚边有教堂

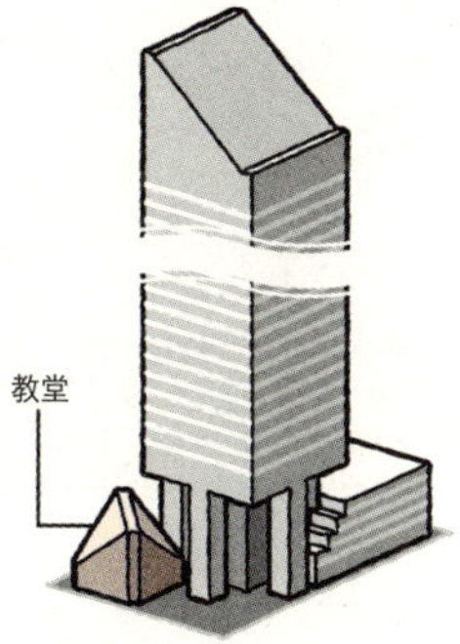

花旗集团中心大楼的底层挑高处是由四根高35米的柱子支撑的底层挑高型式。它的高度足以容纳一栋10层楼高的公寓。

建筑最顶层的减震装置

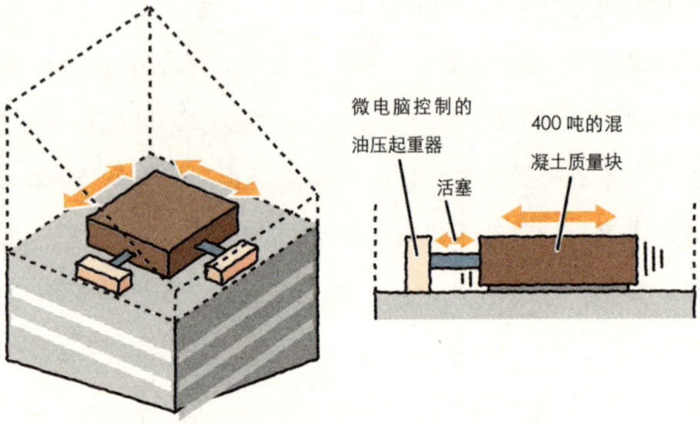

此大楼的设计者后来负责横滨地标塔大楼的基本结构设计。如后所述，该大楼内也安装了减震装置。

注8：建筑基地面积（建坪）与使用总面积（地坪）的比例称为“容积率”，它的比例限制依各地都市计划的规定而有所不同。所谓“上空权”是指，倘若所在建筑物未能使用完其所属容积率的话，可将之移转他人使用其剩余地坪的权利。美国很早以前就有上空权买卖的相关制度。日本也渐渐地适用该项规定。坐落于东京日本桥的日本桥三井塔由于承接了邻接于旁的历史性建筑——三井本馆的剩余上空权，因而兴建出比周围更高的建筑。也因为如此，位于最上层部分的东京文华东方饭店，才能确保如今一望无际的好视野。

约翰·汉考克塔大楼（John Hancock Tower）：滑动式

它是一栋位于波士顿、高 241 米的 60 层办公大楼，完工于 1976 年，由建筑师贝聿铭（I. M. Pei）设计。

这栋建筑原来的设计并未装设减震装置，但在完成时，上端楼层却因为风力影响，造成结构体如眼镜蛇的头部般晃动，使得大楼内的人宛若晕车般的状态，因此才采取了相关措施[9]。

当时是参考花旗集团中心大楼内装设的 TMD 系统，并安装相关减震装置。在此建筑 58 层的两端机房内，设置了两座 300 吨的质量块（在钢铁制的箱内填满铅的东西），大小分别是长宽 5.2 米、高 0.9 米。质量块在涂上油的铁板上虽可自由移动，但有弹簧与缓冲器将它与建筑物框架衔接在一起。当大楼因风力反应而摇晃时，质量块会因惯性回到原来的位置，因此会滑到摇晃时的反方向那一边。而联结在一起的弹簧也会拉到与大楼摇晃的反方向去。

左图：减震装置。

照片提供：Yuan Yuan。

注 9：约翰·汉考克塔当初兴建时，曾经发生因地盘崩陷波及到隔壁建筑的事件，以及完工后窗户玻璃掉落等等事故，让此工程的相关人士着实伤透了脑筋。当初是在调查窗户玻璃的掉落事件时才得知，造成大楼像晕船般的晃动是因为风力的关系造成的。此外，根据当时的调查，窗户玻璃会掉落与风力造成的摇晃并无关系。

千叶港塔大楼与福冈塔：滑动式

日本第一座设置了减震装置的展望塔且因之闻名的千叶港塔大楼，1986 年完工，总高度为 125 米。它在电梯机房的上层处安装了总重量 15 吨的 TMD 装置。基于这项实际成果，1989 年完工、总高度为 234 米（到建筑物顶端的高度为 151 米）的福冈塔内也装设了减震装置。福冈塔的减震装置安装在瞭望台上方阁楼的上层，132 米高的地方。

在这些展望塔上之所以能证实对风力反应的减震效果，是因为后来的超高层建筑里因为安装了减震装置而有了较大弹力的缘故。

上图：千叶港塔是一座依观看方向的不同，有时呈现宽胖、有时呈现细窄的不同视觉效果的奇特建筑。若揭开其神秘面纱之后会发现，其实是因为它是一栋菱形建筑的关系。

右图：234 米高的福冈塔内也装设了减震装置。

水晶塔大楼（Crystal Tower）：钟摆式

日本第一座设置了减震装置的超高层建筑是 1990 年兴建于大阪的水晶塔大楼。它是一栋 37 层建筑的办公大楼。此大楼设备上的一项创新尝试是，它采用了“冰储热槽”的空调系统[10]。然而，结合了冰储热槽与冷冻机后重达 1000 吨以上的装置装载于屋顶之后，细长建筑变成了上部大、下部小的头重脚轻状态，在对抗风力反应的对策方面，成了结构设计上的一项课题。

大楼震动与钟摆式减震装置的关系

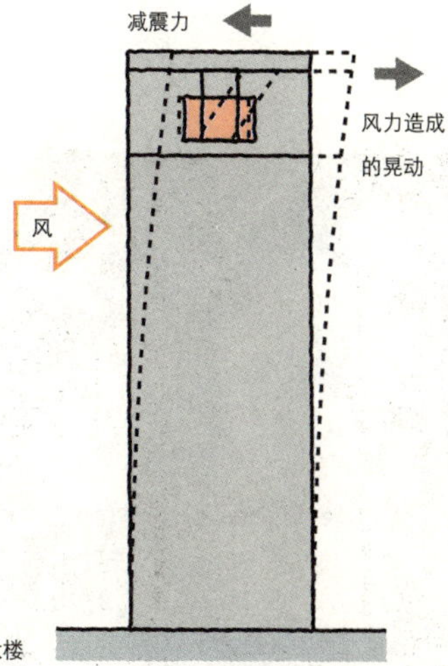

注 10：名为“冰储热系统”。此为利用比较便宜的夜间电力于夜间制冰，白天时再一边溶解冰块一边提供空调的方式。因为能减低电力的使用，因此可削减运作成本。

于是设计团队想出的因应对策是，将此沉重的装置从上面悬吊而起，把它做成钟摆的形式。这是一个将不利条件反向操作成有利于己的崭新想法。事实上，每台重达 90 吨的冰储热槽共有 9 台，其中有 6 台（重达 540 吨）用在减震用钟摆的质量块上。藉此可减轻 50% 因风力反应造成的摇晃，甚至在发生地震时，可以很快速地停止一般会发生在超高层建筑上持续长时间的缓慢晃动。我认为这是一个因想法转换，将弱点转变成重要用途的一个很好的例子。

将冰储热槽转为钟摆来使用

一台重达 90 吨的冰储热槽像钟摆般被悬吊着。两台负责降低长边方向的晃动，四台则负责短边方向的部分。

新横滨王子饭店（Prince Hotel）：水槽式

新横滨王子饭店兴建于 1992 年，是一栋 42 层的超高层饭店，且是象征新横滨地区开发的地标塔。圆筒形建筑的中央部分设计成挑空样式，构造上是双管式的钢骨结构。为了提高饭店客房的舒适性，设有降低风力反应的减震装置。此装置的应用方式是利用水的反作用力的装置，称为"液体冲激式调谐质量阻尼器"（Tuned Sloshing Damper，简称 TSD）[11]。

直径 2 米、高 20 厘米的纤维强化塑料（FRP）所制成的容器内，装满 10 厘米水深的水重迭成 9 段者为一单位，将它沿着屋顶外墙平均设置 30 座。至于为什么不使用四角形水槽而选择圆筒形水槽呢？那是因为不管摇向哪一个方向都完全能应付的关系。

特别是这栋建筑本身是圆筒形，为了能全方位地平均摇晃，必须要有具备全方位平均振动特性的减震装置。为了以水波震动来引起反作用力，需配合建筑物的固有周期，因此设计成可藉由调节容器大小与水量来配合周期。TSD 的优点是装设容易，以及不需附属的机械装置，所以几乎不需要维修。

新横滨王子饭店是一栋圆筒形的超高层大楼。

注 11：所谓冲激（sloshing）是指水在容器中因共振产生的周期而大幅摇晃的状态。撞击容器内壁时产生劈啪劈啪的冲击状态，就像是发散能量的样子。

TSD 装置放置了 30 座

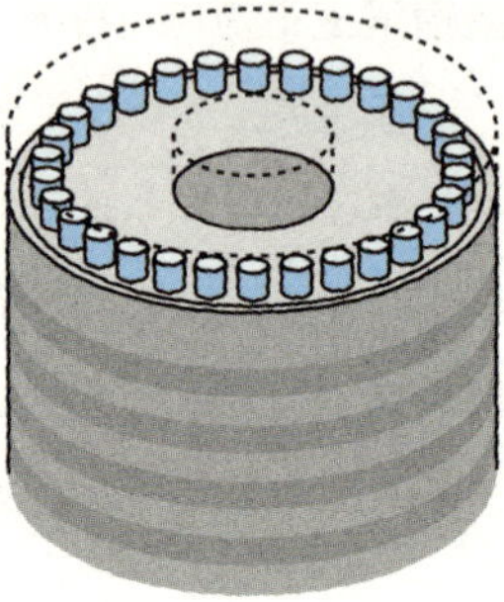

台座上装载了 9 个圆筒的结构。照片提供：清水建设。

横滨地标塔大楼（Landmark Tower）：多段钟摆式

这栋大楼完工于 1993 年，是日本最高的大楼（高 296 米，70 层），同时也是一栋上层部分为饭店的复合式办公大楼。它在最顶楼部分装设了多段钟摆式的减震装置（重达 170 吨，置于大楼对角线位置上各 1 台）。所谓的“多段式”就是，设计成小型装置，以实现长周期的一种方法。若将 3 米分为三段形式，它的效果就相当于 9 米的钟摆。此栋大楼同时设有调整装置，会配合建筑物每 6 秒的固有振动周期，以计算机控制最多可减轻建筑物 40% 的摇晃程度。此外，它也装设了因应强风时降低电梯速度的装置。电梯平常以每秒 750 米的速度运行，但是当风力过强时会减速为一半的速度，或者是暂时停止，等候恢复正常后再运作。这项装置是三菱地所设计的，但是最初的基本构想是由当初设计全球第一个装设防风减震装置的花旗集团中心大楼的史塔宾斯建筑师所负责的。

减震装置的配置与多段钟摆式减震图示

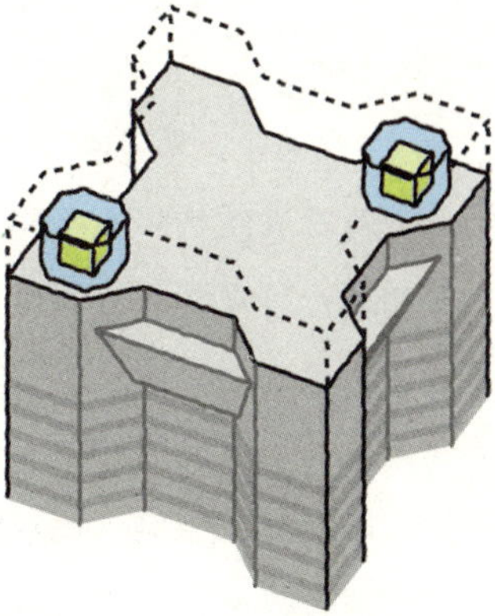

横滨地标塔大楼，大楼屋顶上两处装设了减震装置。

多段钟摆式减震图示

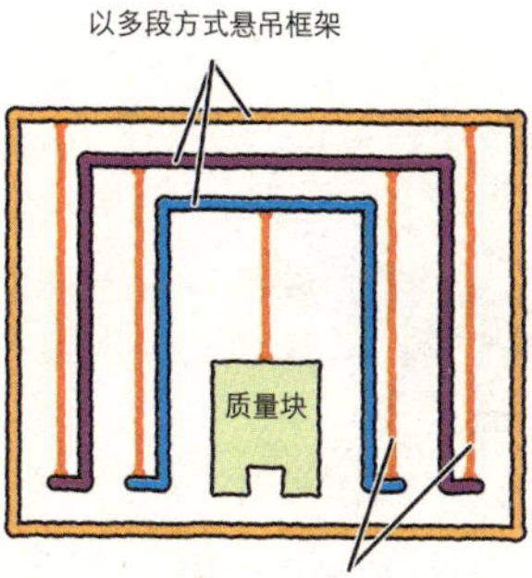

新宿花园中心（Park Tower）：滑动式与钟摆式的混合型

1994 年新宿花园中心竣工于东京新宿，是一栋 52 层、总高度 235 米的建筑。为了提升 39 楼以上的东京花园凯悦饭店的居住性，所以装设了减震装置。

它的减震结构略有不同，主要将进行钟摆运动的质量块装载于滚轮上的装置，所以称为滑动式与钟摆式混合型的装置。它以计算机控制，针对建筑晃动时会以反方向作用来因应，藉此减轻 50% 因风力造成的摇晃。

新宿花园中心

混合型的减震装置

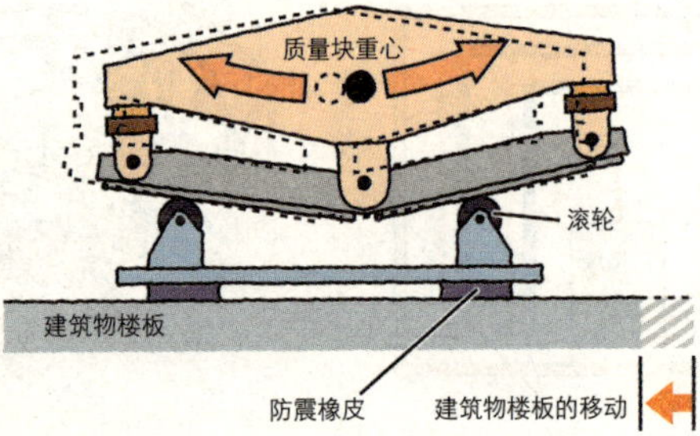

一面墙中心大厦（One Wall Center）：水槽式

2001年建于加拿大温哥华的一面墙中心大厦，是一栋高150米、48层、结合住宅与饭店复合型设施的超高层建筑[12]。此大楼建筑与一般办公大楼最大的不同点，在于此建筑物的南北向无法盖得太宽，因此这栋建筑的纵横比率约呈7：1，为极其细长的造型。

因此，在设计规划之初便被指出，它不仅受一般风力影响，也受到风与周边大楼间相互作用所形成的“建筑风”影响。为此，设计团队的因应之策是，将放置电梯与楼梯的中央核心部分以混凝土制的厚墙与楼板固定，再将“伸臂梁（outrigger beam）”这种坚固的横梁分别装设在建筑物中央部位的各两处，并与外周部的柱子联结起来。另外，它在屋顶上也设置了巨型减震用的水槽。水槽的形状是两个水槽底部以水联结起来的凹字型，是利用水的反作用力的“液体式调谐质量阻尼器”，其两端像汽缸一样高起来是它的特殊之处。此外，在其底下还会放入多面的隔板以抵抗水通过时的冲力并藉以吸收能量。

一面墙中心大厦的1楼到30楼是饭店与会员制俱乐部（温哥华喜来登饭店），30楼到48楼是一般住宅。

一面墙中心大厦的水槽式阻尼器

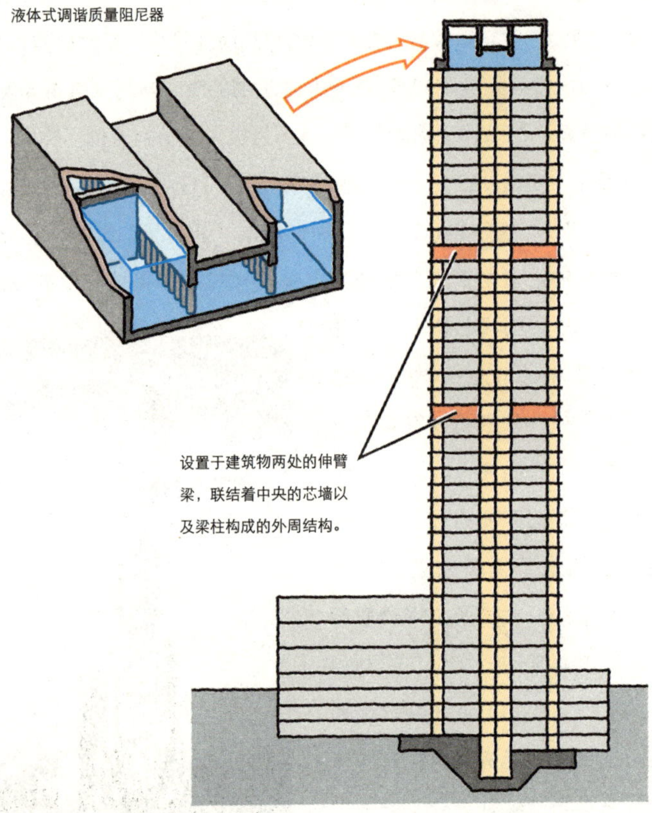

注12：若是作为一般办公用途的话，深幅较深的无柱型大空间一定要规划成超高层建筑才适合；但若是一般住宅或饭店，则深幅过深会形成部分房间没有窗户，反而提高整体设计的困难度。

台北 101 大楼：钟摆式

台北 101 大楼是 2004 年于台湾台北完工、高 509.2 米的 101 层超高层建筑。台北 101 在位于阿拉伯联合酋长国迪拜的"迪拜塔"完成之前，号称为世界最高的大楼。此大楼为了对抗强大的风力反应，装设了巨型"调谐质量阻尼器（Tuned Mass Damper，简称 TMD）"，与其他大楼不同的是，这项装置可以开放给一般民众参观。阻尼器质量块的部分是直径 5.5 米的球体形，重达 660 吨。以 42 米长的钢索从 92 层至 87 层的中央挑空处悬吊而起。球状质量块的下端设置 8 根阻尼器，可将钟摆的反作用力之感应传达至建筑结构体上。据说这个 TMD 装置的效果，可抑制 40% 的风力反应。

台北 101 大楼的减震装置的装设处

台北 101 大楼

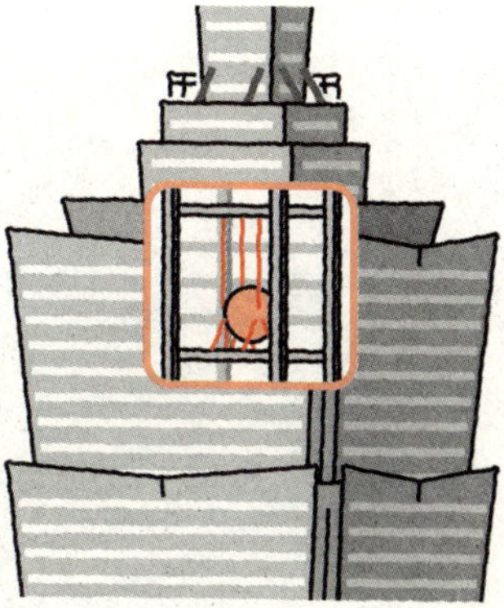

钟摆与阻尼器的关系

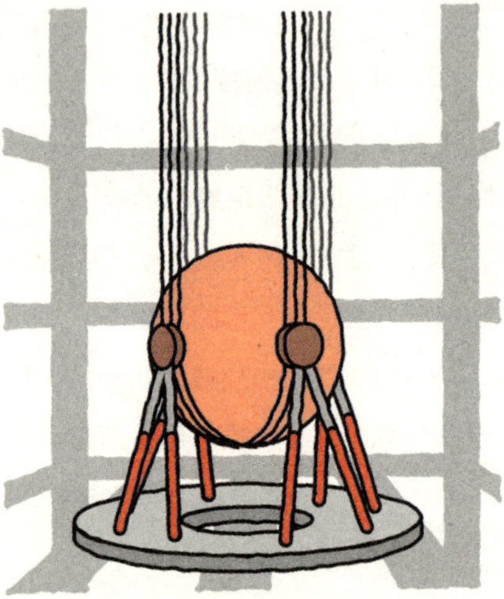

台北 101 的阻尼器一般民众也可以前往参观。

其他实例

虽然从外观看不出来，但是最近在东京刚开业的高级饭店——东京半岛酒店，其玄关的7米处，以及大楼房檐突出的内侧均装设小型的“调谐质量阻尼器”。

东京半岛酒店

减震阻尼器隐藏于此房檐之中。

建筑物造成的风压

如前所述，超高层建筑的兴建技术中，除了以装设减震装置来抑制风力反应的技术外，也有提高建筑物耐风性能的相关技术。在风穿透而过之处若有建筑物的存在，风会直接冲击建筑物之后从旁旋转而入，最后再穿越至建筑物后方。这时，因风力的反应方式或部位的不同，会产生压入的正压与吸出的负压两种压力。此外，有些旋转风还会造成令地上行走的行人感到不快的大楼风害。

究竟减少这种风力影响的技术当中，包含了什么样的内容呢？我们就一起来看看吧。

降低风压

* 新横滨王子饭店

这栋建于 1992 年、42 层高的圆筒形超高层饭店，除了前面已经提过的减震装置之外，这栋建筑的外墙面上也隐藏着降低风压的秘密。

新横滨王子饭店

呈现圆筒形的超高层部分的外墙面是由铝制墙板制成，表面工整地排列着小小的突起。这并非以美观设计为目的，而是基于流体力学原理规划的。当圆筒形建筑物正面受风时，后方会形成空气漩涡，漩涡所形成剥离墙面的负压力会波及建筑物。不可思议的是，圆筒表面越是光滑，风势越容易缠绕，因此漩涡的力道越是强劲。

所以，外墙表面设计成许多细微突起以阻扰气流，让漩涡不易形成，减低建筑物所受到的风压。这种建筑物墙面上小小突起的设计效果非凡，据说最高可降低 60% 的风压。

圆筒形建筑所形成的漩涡，其最大力道的形成处就是它正后方的局部位置，其他部分就没什么太大的影响。然而，因无法辨别风从什么方向吹来，因此只能假设所有墙面都可能受到最大的漩涡力，藉此强化建筑物的稳固性。而四角形建筑因为受到强烈风压的部分有限，在这一点上或许比较占优势吧。但是，圆筒形建筑与矩形建筑相较之下，具有楼板面积虽相同但外墙面的使用面积却能将之缩减至最小的优点，因此，为了要发挥此项特性，才开发了可以弥补流体力学上不足的技术。

为了降低风压，将外墙设计成突起状。

* 日本电气总公司大楼

位在东京三田的 43 层、高 180 米的日本电气总公司（NEC）大楼于 1990 年完工，大致可区分为低层部与高层部两个部分。1 楼到 12 楼的低层部是中央有挑空中庭、呈现口字型的组合形态，上面再加上 16 楼到 38 楼的上层部。中段位置的 13 楼到 15 楼设置了一个巨型的开口部，大小约为高 15 米、宽 42 米的巨型装置。从地上 50 米处凿开的巨大“风口”，不仅具有引导自然光至低层部中庭的作用，还能让建筑物受风面的气流顺利通过，或是降低下降风的风速，减少风害的作用。

拥有巨型风口的日本电气总公司大楼

* 上海环球金融中心

这是日本开发业者——森大厦株式会社，于 2008 年在上海兴建的 101 层、高 492 米的建筑。这栋建筑为了避开强风，所以在建筑物的最上方设计一个矩形的开口。

建筑物本身也呈现空气力学上阻力较小的造型，是一栋顾虑了强风影响而设计的建筑。它主要是以办公用途为主体，上层的部分为饭店。因此，除了最高部分的“风口”之外，在 90 层还设置了悬吊着两台 150 吨质量块的多段钟摆式减震装置，以期减少强风造成的摇摆，并提高居住质量。这种减震装置是有史以来第一次引进中国。

最高部分设有风口的上海环球金融中心。照片提供：森大厦株式会社。

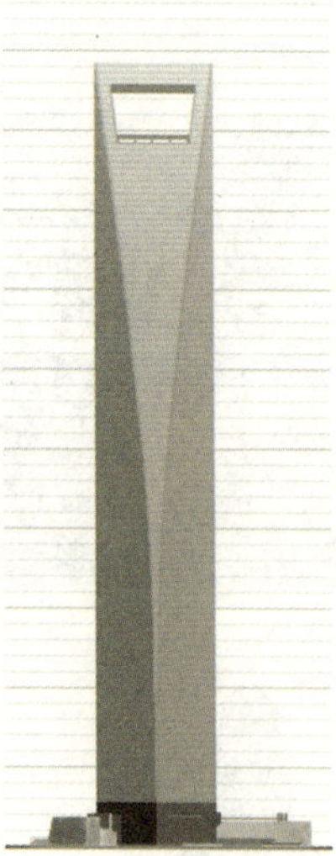

考虑了风压的设计。

* 迪拜塔（Burj Dubai）

迪拜塔是世界最高的超高层建筑，在强风因应的对策上，是在决定建筑物平面与侧面的形状时想出来的。首先将结构体的平面设计成受强风阻力较小的三角形。其次，再将三个突出部分与中央六角形的核心部分紧密联结成一核心体，使之不易产生风力反应的摇摆问题。此外，三个突出部分皆呈现规则的梯形后退式建筑，与旁边相邻的突出部分像画螺旋般地相互交错而上。因此，不论是哪一个高度或是哪一个切面均因上下呈现不同形状，而达到阻碍其形成强风的机率。

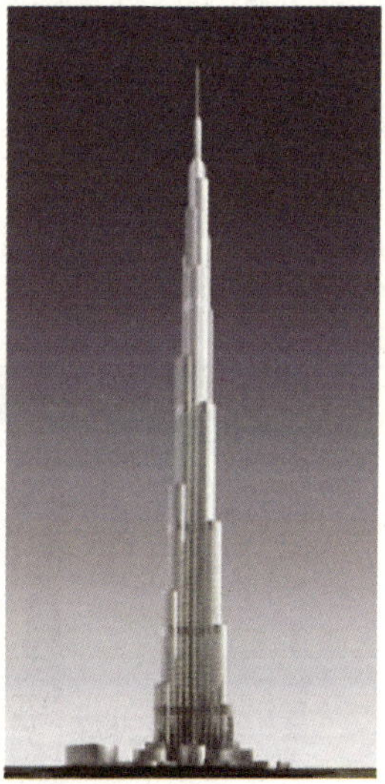

号称世界最高的迪拜塔当然也设计了耐风压的结构。

六角形的基本平面

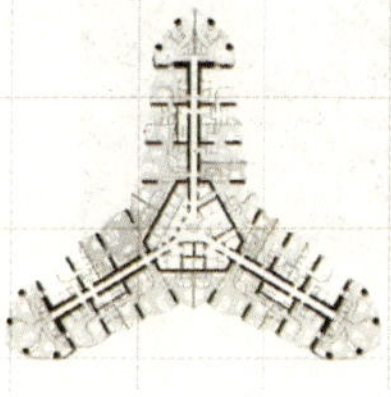

中央的六角形的核心

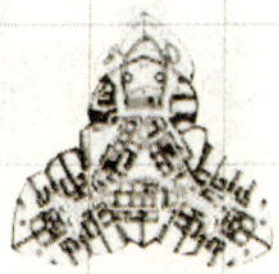

防雷击的技术

避雷针的秘密

大楼上的避雷针

从前，在提到令人害怕的事时，日本常常会用“地震、雷电、火灾、老爸”这句话来比喻。建筑的世界里也同样在设计规划之初就要考虑到地震、雷电、火灾等等的因应对策，所以这个比喻相当贴切。

雷电比起电击造成的触电更容易引起火灾，因此自古以来一直令世人感到恐惧。在地震的袭击中依然安然如故的五重塔，却在遭遇雷击后付之一炬，这样的例子在历史纪录中不算少数。同时在之后的年代里也可看到类似案例，例如后来出现的高层建筑——大阪城天守阁，也是因为雷击的缘故而烧毁。

有关防制雷击的对策，现已广为人知的就是避雷针。换言之，就是设置雷电可以通过的专用通路。如此一来，就不会波及建筑物了。

避雷针是一种设计成容易吸引雷电的装置，通过专用电线，让电流导入地下。所以根据它原来的意义来说的话，或许应该不是避免雷击的“避雷针”，而应称为“引雷针”较来得恰当。

在屋顶或楼顶显得格外醒目，像直耸天线般的尖形棒状物就是避雷针。建筑物一旦超过 20 米高，依法规定就有装设避雷针的义务，因此，7 楼以上的公寓或是 6 楼以上的办公大楼，基本上应该都有装设避雷针。若看不到这样的装置，那么应该是使用了与避雷针同类装置的“避雷导体”吧[13]。

避雷针是用来保护建筑物免受雷击，装设方式上可调节其高度。它就好像是一把装设了避雷针的无形伞，保护伞下遮蔽的建筑物。因此，避雷针大都装设在建筑物的中央或者是最高的地方。建筑物越庞大，避雷针的数量也会增多，以扩大其守护范围。

避雷针的尖端是铜或铝，或者是合金所制成。并将它与铜或铝制电线连接到埋于地面、称为接地极的金属棒或金属板。如此一来，雷电打到避雷针所产生的电流就会沿着电线传导至地面中。雷电的发生虽是瞬间的，但因为会传导相当强的电流，因此流入大地中的大电流有时候会产生不好的后遗症。有时候会因流入地面下的电流导致异常电压，虽然非常少见，但是偶尔也会发生沿着电线或电话线进入附近不相干的人家中。或者是有时候由于通过避雷针的高压电流产生强大电磁波，被诱导出的电力会流入室内的局域网络线之配线。这种状况称为“诱导雷之电涌（surge）”。虽然只有一瞬间，但是由于流入超过一般容许范围的过高电压，有时候会损坏电视、洗衣机、计算机等相关电器产品。

注 13：若满足相关条件，避雷针可以金属制梯子或旗杆来替代。还有像环绕在建筑物周围的栏杆部分，若其材质为金属制的话，有时候也可以用来代替避雷针。这些都称为“避雷导体”。

高科技的防雷装置（消雷器）

最近也开发了一种不让雷电发生的装置，将避雷针取而代之。它叫做“防雷装置”，在雷电发生时先将其能量减弱或消除的一种装置。

雷电会因雷云中空气间的短暂冲激产生静电，当电荷累积过剩时就会向地面放电。而防雷装置会放出与雷云相反极的异种离子，以中和雷云的电荷。藉此减弱雷电的电场强度，提供建筑物更为安全的环境。

防雷装置是由集合地下电荷的“化学活性式接地电极”与专门制造发散离子于空气中的“电荷发散器”所构成。它先由地下化学活性式接地电极收集与雷电相反极的电荷，再根据“尖端放电”原理，从尖端处把众多电荷发散至空气中。它能中和雷云中的电荷，并能减弱与地表之间逐渐增强的电场能量，以使雷击不容易发生。

防雷装置原理示意图

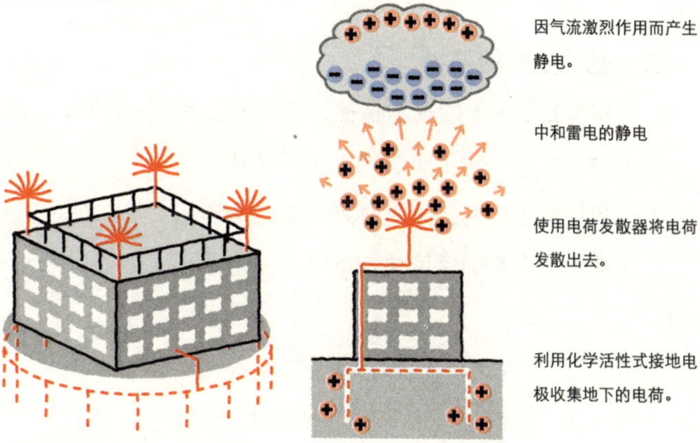

建筑物火灾防范

火灾自古以来就是造成人类生命与财产的重大威胁。曾经有过一栋小小建筑的些微火苗，却成为将整个城市烧光殆尽的罪魁祸首的案例。

相对于另一项灾害的地震，基本上以建筑物不倒毁，或即使倒塌了也不会损及人命的前提，对每栋建筑物的结构进行解析，在决定好结构方式与构材的大小后再进行设计规划。然而，针对火灾的话，为了确保人的性命安全，需要再多从各种角度来思考相关对策。法规上也可大致区分为《建筑基准法》与《消防法》，从各自立场来制定相关法规条例。

因为这个议题相当重要，接下来就一起来看看，包括巨大高层建筑在内的所有建筑物共通的火灾防范对策吧。

《建筑基准法》的精神

《建筑基准法》的基本精神，简单来说包括了以下三个重点：

①防止延烧：防止建筑物内火势蔓延；

②防止崩塌：防止建筑物延烧崩塌；

③确保安全：确保可快速避难之安全性。

防止延烧：防止建筑物内火势蔓延

为了使室内墙壁与天花板不易燃烧，建筑法规中有所谓“装修限制”的相关规定。它是指必须配合建筑物的条件使用指定的不燃材料、准不燃材料、难燃材料于室内墙与天花板上。这些材料除了被要求需具备不易燃烧的特性外，还规定遇到高温时不能产生有毒气体。

一般来说，符合装修限制规定的贴纸会被贴在天花板或墙壁上，因此很多人应该都看过。一定要遵照装修限制的建筑物，其种类的划分有很详细的规定，简单来说可分为剧场或集会场所等观众席面积较大者，或是医院、饭店、公寓、百货公司、游戏场、餐饮店、量贩店等室内规模较大者，还是楼层为 2 楼以上，或是有地下室的所有设施、没有窗户的房间、会使用火的房间等等。而超高层建筑基本上也有装修限制的相关规定。

防止崩塌：防止建筑物延烧崩塌

发生火灾时，不仅要求建筑物不会燃烧，在人们顺利逃出屋外与火势停止之前，如何防止建筑物不发生倒塌或延烧等危险情事是相当重要的。因此，需针对因火灾引起之高温导致结构材脱落或变形，抑或建筑物倒塌，采取相关的因应措施。

它的方法是，将柱、墙、梁等称为主要结构的部分变成具有“耐火结构”或“准耐火结构”的性能。耐火结构的性能中，依其耐火时效可分为 30 分钟耐火、1 小时耐火、2 小时耐火、3 小时耐火等 4 种。即使陷于大火中，

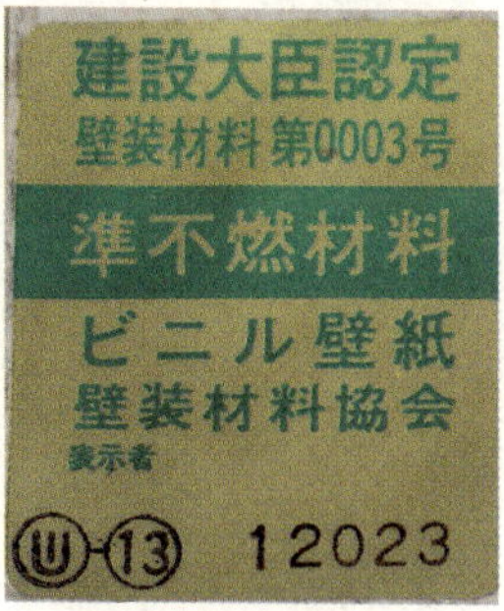

符合装修限制的贴纸

在它的耐火时效内建筑构材不会被烧坏，可保有短暂的保护功能。另外，准耐火结构的性能相较之下较弱，可分为 30 分钟准耐火、45 分钟准耐火、1 小时准耐火等 3 种。

钢筋混凝土结构（RC 结构）和砖块结构基本上属于耐火结构。然而，钢骨结构的铁虽然属于不燃性材料，但它一经加热之后强度会变弱，同时形状会产生扭曲，因此无法成为耐火结构。为了让它符合法规规定的耐火性能，会在钢骨上覆盖一层耐火被覆。耐火被覆的材料中有石膏板或混凝土板等板状类型，也有将岩棉[14]与水泥混合后喷在钢骨上的喷覆式类型。最近也会使用一种特殊涂料的耐火被覆，在施工时只需涂上数公厘的厚度，一旦火灾发生时，它会因高温起泡并膨胀成数十倍，形成一层隔热层来保护钢骨。

以上方法简单地说，建筑物不会延烧者具有“防火效能”，而不会因高温被破坏或压垮者则是具有“耐火性能”。单单只有不会延烧这种功能的话，不能成为耐火结构。

一般来说，高的建筑物都是耐火结构，而比起上面的楼层，下层部分的耐火时间会更长。如果你会看到高层建筑的话，请你从最上层往下数看看。从最上层数下来，它们应该是 4 层以内的柱、梁、楼板、防火墙是 1 小时耐火，5 到 14 层以内的柱、梁、楼板、防火墙是 2 小时耐火，15 层以上则是柱、梁为 3 小时耐火，楼板、防火墙为 2 小时耐火。再解释得更详细一点的话，不负责结构支撑力、只单纯作为隔间的墙壁，按照规定通常不论楼层数均为 1 小时耐火或是 30 分钟耐火，而屋顶则都是 30 分钟耐火[15]。

高层建筑被要求的耐火性能

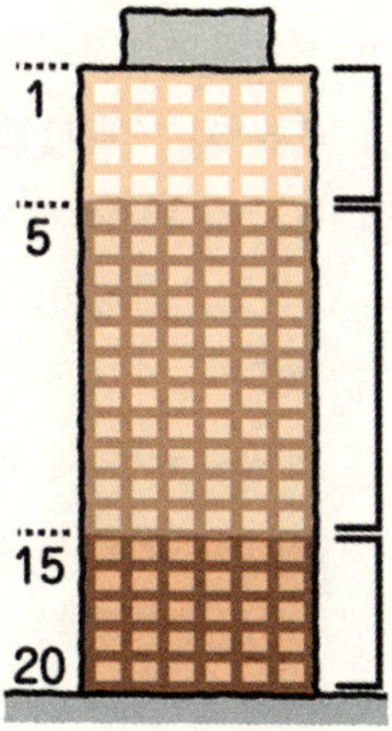

规定的耐火性能是依照从最上层开始由上往下数的楼层数。

注 14：岩棉是一种将熔炉内副产品呈现熔解状态后的残渣，以制作棉花糖的方式用空气吹散成纤维状的人造矿物纤维。相较于有致癌性问题的天然矿物纤维——石棉，岩棉的纤维比石棉粗 30 到 50 倍，吸入体内后不易吸附，因此不具致癌性。

注 15：为了缓解商店住宅区内发生火灾的危险，通常会指定防火地区及准防火地区。防火地区主要针对如人口密集的商业区等这种火灾发生机率较高的区域。防火地区中的建筑物原则上依其规模之区分，必须为耐火建筑或是准耐火建筑。所谓耐火建筑是指即使梁、柱等结构遇到高温，但在一定时间内不会崩塌的"耐火结构"，同时在出入口处或窗户备有可耐热的防火门，或者相当于上述标准的门窗之建筑。而准耐火建筑是指具备准耐火结构，再加上装设了防火门等装置的建筑。准防火地区则是指相当于防火地区的区域。准防火地区内具有一定规模以上的建筑物依其规模之区分，必须为耐火建筑或是准耐火建筑。木造结构若能符合耐火性能的标准虽可纳入耐火建筑之规格，但是除此之外，在不引起建筑物延烧的限制上也设有相当严格的门坎。木造的耐火建筑之成本相当高，因此一般来说，耐火建筑通常都是钢骨结构或钢筋混凝土结构（RC结构）居多。

确保安全：确保可快速逃生之安全性

这是相当重要的部分，具体的方法是封锁火灾发生现场，延迟火势蔓延为基本精神[16]。这和船只的危机管理可能有些相似。船只内会划分为各个细小的区划，当船体破损浸水时只要封锁该区划，就不会波及该区以外的地方，因此船只即可幸免于难。

所谓“防火区划”是指为了不让火灾蔓延而封锁住的区划。构成区划的墙壁必须符合是“耐火结构”或是“准耐火结构”的条件。在窗户或出入口处需设置铁制门或具备防火效能的卷门，若设计上一定要有透明窗的话，则可使用耐火玻璃。

“防火卷门”是为了要形成防火区划所需的一项设备。它设置在需要宽广空间且不想要有墙壁的地方，只有在火灾发生时才会降下来，因此不会很醒目。但是，防火卷门若是完全降下隔离的话，里面的人会无法逃生，所以通常会和紧急用的门组合在一起来设计。

防火区划的卷门与紧急门

注16：在美国，针对逃生者到达安全地点的所需时间做了标准规划设计。美国的设计者似乎对划分防火区划抱持着逃生者会被关起来的负面印象。1985年在制定台北的铁路安全基准时，笔者在当地推荐了日本区划方式的优点，然而当时却以美式规划强行通过。后来，台北的国际机场曾经发生火灾，炙热的烟以无预期的速度穿透信道，造成很大的灾害。这证明了日本的区划设计也有它一定的道理。顺便一提，因为当时刚好是无人的时间带，所幸该火灾中无人伤亡。

你曾经在百货公司或车站里的楼梯或电扶梯处发现设有一个造型特殊的门吗？它的旁边应该藏着铁卷门，你可以试着找找看。还有一种是平常敞开着，但发生火灾时会自动关闭的"防火门"。也有一种很像埋在走廊的墙壁似的隐藏起来，看起来不太显眼的防火门，你也可以找找看[17]。

特别安全梯

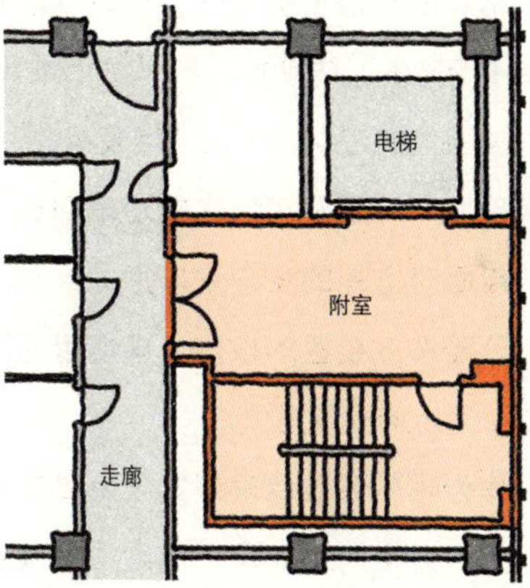

特别安全梯

特别安全梯内，在走廊与楼梯间设有一个称为附室的安全小房间。

注17：截至目前的说明，都是针对建筑物内发生火灾时的对策，也有提到防止邻近火灾延烧扩及的"防火结构"、"准防火结构"的基准。它的基本作用是规定使用于外墙和屋檐的材料，以防止建筑物之延烧。再重新复习一次的话，你应该已经知道"防火区划"的墙壁不是"防火结构"，而是"耐火结构"了吧。

还有一个与“防火区划”很相似的名称，叫作“防烟区划”。浓烟会使逃生的人失去方向并产生窒息的原因，因此尽可能划分出逃生区块，不让人群扩散开来。但是，它与防火区划的差异是不需要以墙壁或和门将区划完全围起来。因为火灾的浓烟是沿着高处的天花板移动，所以使用从天花板垂降而下的墙壁来隔绝浓烟。

你曾经在超级市场或大型办公室内看过玻璃墙板从天花板垂吊着的景象吗？它叫作防烟垂壁，用它来形成一个防烟区划。除了这种平时就垂吊着的防烟垂壁之外，也有连动着烟雾感应器在发生火灾时才会降下来的“防烟板”和“防烟帷幕”。

防烟区划内被围住的浓烟，会以排烟装置快速地排到区划外。排烟的方法有两种，一种是利用快速转动排烟机的风扇来强制排烟，另一种是利用面对室外的窗户来排烟的自然排烟方式。使用自然排烟的话，只要按下装置的按钮，排烟用的窗户或部分墙壁就会在一瞬间打开，让烟排到室外。

此外，还有作为逃生用且以确保安全为目的的“安全梯”和“特别安全梯”。两者相同之处是，不论从高楼层或地下层直接通往一楼的逃生用楼梯内，其墙壁都是以“耐火结构”围制而成，以防护火灾发生时产生的火焰或浓烟之侵袭。而两者之差异则是，特别安全梯内设有一个称为附室的房间。室内与楼梯之间夹着附室，更提高其安全性。特别安全梯针对 15 层以上的楼层或是地下 3 层以下的楼层都有设置的义务。因此，超高层建筑都有特别安全梯的装置。

《消防法》的精神

另一个重要法规——《消防法》，其精神可汇整如以下三项。

①发现火灾后通报

②逃生

③灭火

发现火灾后通报：警报设备

警报设备中包括“火警自动警报器”、“住宅用火警警报器”、“紧急广播设备”、“瓦斯外泄警报设备”、“火警通报装置”、“烟雾侦测器”、“热感应侦测器”等等。

火警自动警报器是指，感应器等设备察觉到可能发生火灾后，会鸣放警铃通报消防署，并启动室内消防 pump 以及防火门与防火卷门等等，自动进行这些一连串动作的设备。像超高层大楼这种大规模的建筑内一定都会装设。

住宅用火警警报器包括独门独户建筑或公寓等住宅均有义务要安装的装置，它装设在天花板或墙壁这种较高的地方。其目的是利用侦测到烟雾反应鸣警铃来避免延误逃生之事，并不是用来通报消防署的装置。瓦斯外泄警报设备如字面所示，是指侦测到瓦斯外泄后会鸣放警报的装置。不仅是《消防法》，其他像是《建筑基准法》、《液化石油瓦斯法》、《瓦斯事业法》等法律内也都规定负有义务装设此装置。

住宅用火警警报器

烟雾侦测器与热感应侦测器是一种会侦测火灾产生的高温与浓烟的感应器，会从这里发出警报讯号。它大都安装在天花板上，因此是我们最常见的一种装置。

火警通报装置用来通知消防部门发生火灾的装置。它会自动拨号给消防部门，传送事先录好的语音讯息。通常饭店、医院、长期照护中心等机构均负有设置此装置之义务。

逃生：逃生设备

逃生设备包括“紧急照明设备”、“逃生梯、逃生救助袋、缓降机”、“诱导灯”等等。

紧急照明设备是为了发生火灾等灾害时即使停电也能安全地逃生，设计出一种利用内藏式蓄电池来点灯的照明设备。

逃生梯、逃生救助袋、缓降机是安装在人群较多的设施内，像阳台这样的地方。

引导灯是为了引导逃生时的一种标示，是一般很常见的装置，可大致区分为两种。白底绿字者是表示“逃生方向”，“紧急出口”标示则是绿底白字。发生紧急状况时，若找到白底绿字的标示时，须理解虽然附近不见得马上有出口，但不要慌张应沉着采取正确行动。若找到的是绿底白字的标示，就可以放心了。

标示逃生方向的引导灯

标示紧急出口的引导灯

灭火：灭火设备

灭火设备中包括给室内的人做初期灭火用的“室内消防栓”和备于室外的“室外消防栓”，以及自动感应火警并撒水的“自动撒水装置”、针对汽油着火之停车场等油类火灾的“泡沫灭火设备”和“干粉灭火设备”，还有用于不能使用水之电气火灾的“二氧化碳灭火设备”等等。

灭火器是通过国家检测的灭火设备，须因应其用途与室内的大小来设置该装备。

此外，也有辅助消防队灭火的专用设备。例如消防专用蓄水池、联结送水管、紧急电源插座、紧急用电梯等等。

所谓联结用水管是指，在高层建筑或地下街等地方事先设置了专为消防用送水的配管。将它与消防队泵车的水管接起来，就可轻易地把水输送到发生火灾的楼层。通常在建筑物外墙等醒目的地方会写着“送水口”的字眼，这里就是连接泵车水管的地方。而在建筑物走廊处会有一个写着“消防队专用出水口”的箱子，这里则装有要与消防队撒水用水管连

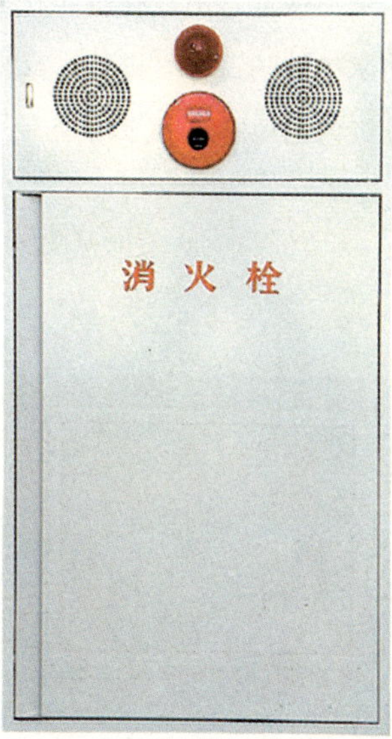

消防栓

接的出水口设备。

紧急用电源插座也是一项特殊装置。因为是消防专用器具，因此凡是楼层数超过 11 以上的高层建筑，或是总地坪数为 1000 平方米以上之建筑，均负有装设之义务。为了停电时也能使用紧急用电源插座，所以以蓄电池或自家发电装置来供电。配线则是使用耐火配线。

紧急用电梯平时常常被用来当作搬运货物的货梯，因此很多人都没注意到这是发生火警时专为消防队设置的电梯。紧急用电梯并不是紧急逃生用电梯，而是发生紧急灾害时，消防队用来进行消防工作的电梯。所以，发生火警时，请务必使用楼梯来逃生。

万一人刚好在电梯内的话，电梯会自动停在最近的楼层，此时要尽快地跑出电梯，并利用楼梯来避难。此外，为了有助于消防队的消防工作之进行，窗户玻璃上会贴着一个“紧急用入口”的红色三角形印记，如前所述，这也是为了方便消防队进入的标志。

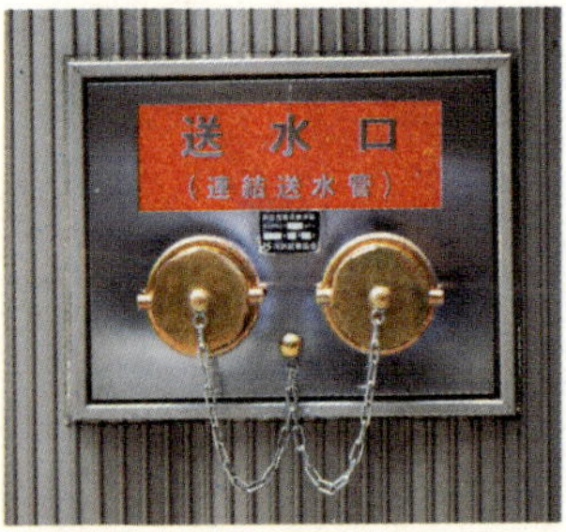

联结送水管

紧急用入口

防制飞航器带来的灾害

夜间的标识

集中在东京新宿西口的超高层建筑，一入夜后红色小灯宛如成群的萤火虫群舞飞扬般地闪闪烁烁，展现出一幅令人惊艳的都市景观。

红色小灯规律的闪烁是为了要提醒直升机或飞机的注意。所有高度超过 60 米以上的对象（建筑物），基本上依航空法规定均须装设此装置[18]。

然而，《航空法》的规定毕竟已经过了 40 年，很多状况已不符合实际的情形，造成大楼上尽是一些航空障碍灯，让人开始感受到如开头陈述一样的情景，仿佛是“萤火虫的群舞现象”。于是最近大楼红灯的装设数量渐渐地比以往更大幅地减少，灯的间隔距离也加大。假设新基准适用于新宿的超高层建筑的话，据说电费可减少到 6 成左右。此外，现在在东京铁塔等建筑的点灯时间内，航空障碍灯也可以关掉不开。

还有，装设在大型桥墩或烟囱上，会闪烁着白色强光的照明灯也是一种航空障碍灯。如后所述，它在白天也会点亮照明。

注 18：假设电影中的酷斯拉也算是一个“对象”，而该法开始适用之后，1962 年拍摄的第 3 集“金刚对酷斯拉”应该是该适用对象，但是听说酷斯拉的身高约为 50 米，因此才予以免除。顺便一提，金刚的身高是 40 米。

白天的标识

超高层大楼这样的建筑物，从飞机上很容易就看得见，因此不须特别装上识别标志。但是，像是细长的烟囱，或者像铁塔类之骨架结构物，若超过 60 米以上的话，为了能在白天明确辨识，曾经规定必须漆上橘色与白色之双色交替色带的标示。最具代表性的就是东京铁塔。其他还有在港埠使用的大型起重机或是发电厂的烟囱，也会以这种油漆标示来作为识别。

然而最近因为这样的巨型条纹标示在景观上不甚美观，《航空法》因此有了新规定。若平时就会闪烁着像白色强光的闪光灯，那么漆上的颜色就可自行决定。

未来完成时将成为世界第一的电波塔——新东京铁塔（Tokyo Sky Tree），将会呈现出什么配合街景的美丽颜色，备受期待。

红白相间的东京铁塔

港埠边的红白起重机

中光度的白色航空障碍灯

高度在 60 米以上、150 米以下的塔架式结构物，若不想涂上红白色的油漆，可以装上这种闪光灯，就可自行决定漆上的颜色。照片提供：Sanken 电气。

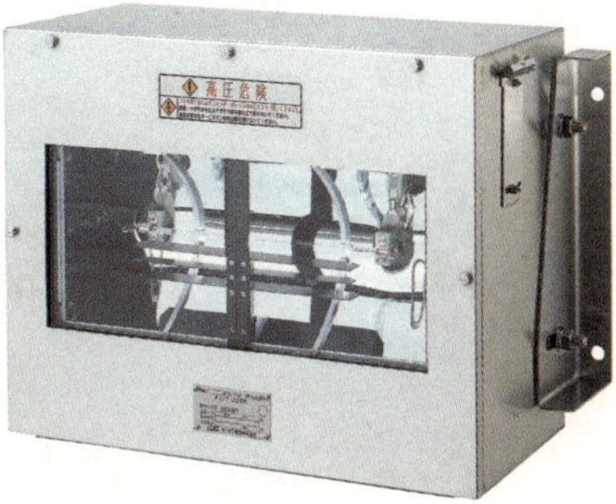

高光度的航空障碍灯

若高度超过 150 米以上的塔架式结构物，就算不喜欢这种耀眼的闪光灯还是必须装设。但装设之后，同样可以自由漆上任何颜色。照片提供：Sanken 电气。

链接　也曾因标识不清造成困扰

航空障碍灯是为了让飞航器在航程中注意到地上建筑物的存在，以闪烁作为警告的照明器。然而，过去在香港反而因为容易与飞航用标志混淆，恐有导致飞航器驾驶员眼花缭乱之虞，为了飞航安全，禁止街头所有的霓虹灯闪闪烁烁。因为在 1998 年完成现在的新机场前，市街旁的附近就是国际机场。

这是启德机场，飞机几乎得擦过大楼房顶来起降，难易度与惊险度曾经堪称世界第一。甚至还有降落的飞机钩到民家晾晒的衣物的传说。当时还不习惯夜晚没有霓虹灯的观光客当中，应该有人对香港的夜景抱有一种奇怪的感觉吧。

启德机场

三

巨型建筑时代

巨型建筑时代的起始期

超高层建筑是在何时、何地诞生的呢？为了了解原因，就必须先了解 150 年以前美国的情况。而在这个超高层建筑的起始期中，有赖两大不可或缺的发明产生。

催生巨型建筑的两大发明之一——安全电梯的发明

当时在美国，身为首都的纽约曾经是商务的枢纽，因此大型建筑物渐渐如雨后春笋般地兴建起来。不过，虽然说是大楼，其实最高只有 5 楼，而且顶楼也都只用来当作仓库使用而已。虽然部分的大楼使用电梯，但因当时电梯下坠事故频繁，一般认为不适合用来当作客梯乘坐。

美国受广大土地之惠，想要兴建大型建筑，一般来说不成问题，没有勉强加高的必要。但是，纽约的曼哈顿是一座岛屿，为了有效利用有限的腹地，只能将楼层数加高。

1852 年，美国的伊莱沙·奥的斯（Elisha G.Otis）发明了装设防止坠落装置的电梯并开始进行制造，两年后在盛大开幕的“纽约万国博览会”中实际展示，引起很大的话题。之后在 1857 年第一部乘用电梯，就出现在纽约的某间小型百货公司了[1]。

就这样，乘用电梯慢慢地实际被运用之后，高楼层不仅开始被有效利用，也因为越高楼层瞭望视野越佳因而大受欢迎。办公大楼当中最先采用电梯的是，1870 年时建于纽约的“恒生大楼”

(Equitable Life Building) 。虽然只是 7 楼建筑，却有 39 米之高。从那之后，纽约开始接二连三地兴建起高层建筑[2]，并在 1875 年兴建第一栋超越 60 米的建筑，1894 年兴建超越 100 米的建筑。

装设防止坠落装置的电梯

伊莱沙·奥的斯

即使电梯通道内的钢索断裂，板状弹簧会将两侧铁刃往左右推开，像卡榫般卡住，以防止电梯轿厢坠落。

注 1：奥的斯制的电梯于 1896 年时被日本银行总行采用，当时是日本第一部正式的实用型电梯。另外，1968 年竣工的日本首座超高层建筑的霞关大楼也采用此款电梯而广为人知。

注 2：紧追于纽约之后发展并位于美国中西部的芝加哥，也在 19 世纪后半接二连三地兴建起同样的高层建筑，但总是晚了纽约一步。

首次在商业大楼内设置乘客用电梯的哈沃百货公司（Haughwout），现在仍作为文具商店在使用。它位于百老汇街 488 号。

首座拥有乘客用电梯的办公大楼——恒生大楼。

链接 伊莱沙·奥的斯的防止电梯坠落装置

现在，来说明一下伊莱沙·奥的斯所发明的安全装置架构吧。沿着电梯轿厢两侧有导引轨道的柱子，其两边柱子的内侧安装了宛如锯齿般边缘呈现槽纹状的铁板。而轿厢的上面的 L 型铁棒，以及设计成向外推出铁刃状，左右相互对称地组合在一起。L 型铁棒的上方装着一般用于汽车的板状弹簧，与悬吊轿厢的钢索连接在一起。

板状弹簧平常因轿厢重量呈平坦状，所以铁刃也是缩进来的状态。钢索一旦断裂，板状弹簧便会翘起，将 L 型铁棒下压，因为反作用力铁刃会往侧边突出。而突出的铁刃会卡住两边锯齿状的铁刃，因而成功阻止电梯轿厢坠落。

催生巨型建筑的两大发明之二——制造钢铁的技术

就在奥的斯大力推展的高层建筑用电梯被广为运用之际，

几乎在同样的时期，英国的亨利·贝塞麦（Henry Bessemer）在1856年发明了革命性的炼铁法。这种使用转炉来制造钢铁的方法，能以高于以往数十倍的效率生产钢铁。亦即，藉由大量生产，使钢铁变得可以平价取得。因为贝塞麦的这项发明，让钢铁可以很容易地就能使用在建筑结构上，可以说大大地助长了建筑物高层化的发展[3]。

转炉原理之草图

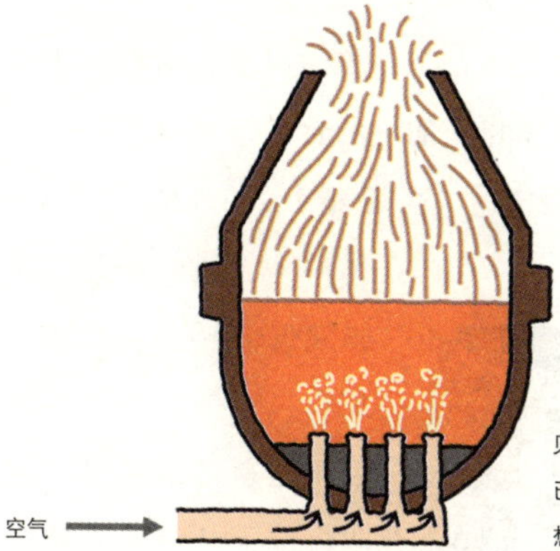

亨利·贝塞麦

贝塞麦的转炉是将空气吹入赤红的生铁中而已，虽然是相当单纯的原理，但却是谁也没想到的一种想法上的大转变。

注3：由于钢铁变得唾手可得，不仅在建筑上，甚至是大型桥墩或船舶等也变得更易于建造了。但是，贝塞麦所发明的炼铁法并不适合磷含量高的欧洲铁矿石。而在美国开采的铁矿因磷含量低，因此被大量地应用在美国制铁业。可以说是将美国的超高层建设之发展推向一个新里程的重要因素。此炼制法上的缺点，在22年后的1878年因托马斯转炉的发明才改善，炼铁的使用都一直是以欧洲为中心。

在此之前的建筑，大都是以石头或砖块堆栈成的墙壁来支撑整体结构为主流。这称为壁式结构。随着建筑物的高度不断向上延伸，底下支撑整体重量的墙壁因此变得越来越厚。当时虽然已经有铁这种建材了，但是只有坚硬但脆弱的“铸铁”，以及1783年由亨利·考特（Henry Cort）发明并成功生产出虽柔软却具韧性的“炼铁”而已。当时还没有发展出可大量生产且特性居于两者之间，既坚硬又具韧性的“钢铁”的制作方法。

炼铁虽比钢铁脆弱，却是具有优良特性的建材，因此常被用在铁路或桥墩的建设上，进而促进了产业革命的发展。其中，艾菲尔铁塔就是使用炼铁的代表性建筑。

在进化成现代的钢铁梁柱的框架结构过程中，曾经出现一种特别以铸铁材质的柱与炼铁材质的梁组合而成特殊框架结构的建筑，它是高42米、10层楼的“家庭保险公司大楼”（Home Insurance Company）。这栋建筑于1885年建于芝加哥，也是全世界首次采用帷幕墙的建筑，因此也有人认为它是超高层建筑的始祖。现在这栋大楼仍存在于芝加哥。

铸铁式结构建筑

在高层建筑上，常使用以梁与柱组建的框架结构，最早可追溯自1875年左右开始，当时

家庭保险公司大楼

温赖特大厦

钢铁已经比炼铁更广为使用在高层建筑上[4]。

世上最早以钢铁制钢骨组建梁柱的建筑物是 1891 年建于密苏里州圣路易市的一栋 10 层建筑——温赖特大厦（Wainwright Building）。目前被视为历史性建筑保存良好，现在仍可以看得到。

在这个历史的过渡期当中，仍然有努力以石造结构继续挑战超高层商业大楼的例子。例如 1891 年建于芝加哥的“蒙拿诺克大楼”（Monadnock Building）就是一栋 65 米高的 16 层建筑，它被

注 4：从石造结构到钢骨结构的过渡期间，还存在着另一种结构的建筑。例如 1840 年左右，纽约 · 苏活区就兴建了很多被称为“铸铁（cast iron）式”的四五层高的建筑物，它们比石造结构便宜，且具有防火功能，又可取得宽敞明亮的窗户照明等等优点，因此使用铸铁于柱子的结构上。现在仍可以看到这些建筑。

视为石造结构中最高的高层建筑。1楼墙壁的厚度据说就厚达6米。目前仍存于世，以石造办公大楼的高度来说，依然维持着世界第一的称号。

办公大楼以外，1901年建于费城的市政府建筑就有9层楼高，加上高塔的部分变成167米后，一举跃升世界最高的石造结构建筑。为了要承载本身的重量，低楼层部分也被设计成厚达6.6米的墙。

石造结构的蒙拿诺克大楼（Monadnock Building）。为了让最底层部分能支撑整体重量，下层部分呈现出较宽幅的设计。

费城市政府大楼至今几乎以这番相同的风貌矗立着。

帝国大厦与飞船

帝国大厦自 1931 年完成后，因其后的 41 年间一直维持着世界最高建筑而闻名于世。完成当时还是第二次世界大战开始之前，因此也是正值豪华飞船的全盛时期。例如全长达 237 米的德国齐柏林伯爵号等，都曾经是横跨大西洋运载往来旅客的固定航班。帝国大厦中便隐藏着与飞船之间的有趣关系。

帝国大厦的最顶端向上推成塔状，而这里当初是规划成要拴住飞船，让旅客能直接在帝国大厦上下机的地方。最上端有做特

帝国大厦高度为 381 米，而曾经到过东京的齐柏林伯爵号全长则为 237 米。

Building Provides Mooring Masts for Zeps

NEW YORKERS may soon become accustomed to the sight of giant lighter-than-air liners moored to the tops of downtown skyscrapers, for the Empire State Building, now under construction at 34th Street and Fifth Avenue, when completed will be topped by a mooring mast of the latest type.

This new building, which will rise to a height of 1100 feet will top the Eiffel Tower of Paris by 174 feet and will be the tallest structure in the world. It is planned to make this building the western terminal of trans-Atlantic airships.

This composite photograph shows how the Graf Zeppelin compares with Empire State building.

Fast Burning Tear Gas Candle

THE successful use of tear gas in quelling prison riots has resulted in great interest by prison authorities in this chemical agent which does its work without causing injury. The Chemical Warfare Service of the army, as a result of requests for a tear gas device that will produce a gas cloud immediately of high concentration, recently has shipped to Governors Island, New York, two dozen of the new universal fast burning tear gas candles for test there.

These candles were developed in order to meet the demand for a tear gas weapon that will produce an effective gas concentration so quickly that a rioter will be made helpless immediately. The fast burning candles are used in the same manner as a grenade but differ from the latter in that they have a larger capacity, and the tear gas is generated with almost explosive violence. Thus the gas gets into the air with no delay and in great volume.

The older grenades were somewhat slow in ignition and the gas was generated slowly. The fast burning candle ignites so rapidly after leaving the hand that by the time it hits the ground it is giving off its fumes in great quantities. The test of these candles will be watched with great interest not only by the army but by civil authorities, who agree that tear gas is a most effective and humane method of quelling disturbances.

Oval Auto Cylinders Cut Length

AN automobile engine has been built in England with elliptical cylinders, the idea being to save length, the narrow way of the cylinders being placed in a fore and aft position. Thus a 3x4¾ cylinder would be equivalent to a 3¾ round cylinder but take no more length than one 3 inches in diameter.

Inventions for August 127

当时报导最先端技术的当地科学杂志里，于 1930 年介绍的内容。想必大家一定感到相当震惊吧。

别补强，可承受 50 吨的拉力，并以卷扬机将抵达的飞船慢慢拉进大楼。还有在 86 楼设有专为出发旅客设计的候机楼。

但是，因为乘客这种上下机的方式过于危险而很少使用。当时世界上最大飞船联结着世上最高建筑的光景，到底具有什么样的震撼力呢？我们依照当时的状况描绘出想象图，推测当时的景象。

1937 年，巨大飞船兴登堡号发生了爆炸燃烧的重大灾难。自此事件后飞船渐趋式微，帝国大厦曾经拥有旅客用的飞船桅杆一事逐渐被遗忘。当你看见帝国大厦最顶端突出的部分时，请记得，它可不是为了装设天线而设计的。

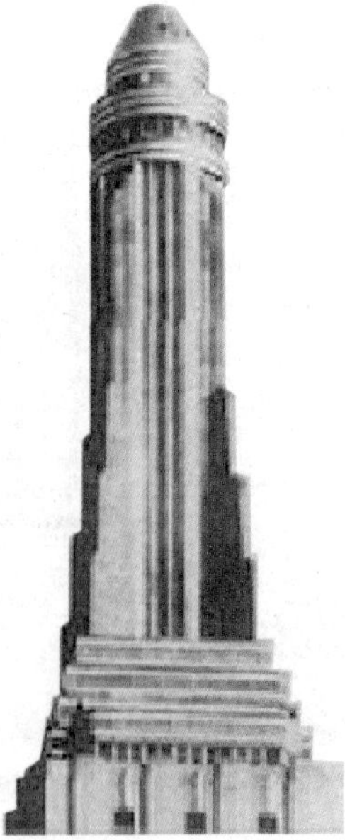

为了拴住飞船而设计成坚实的大楼顶部，因为原本就没有安装天线的打算。

帝国大厦变成了电波塔

帝国大厦最顶端处，依照原本的设计是用来拴住飞船桅杆的，然而，这个世上最高、瞭望视野最佳的地方，广播电台或电视台当然不会错过它。

1931 年大楼完成后不到 1 年的期间，NBC 这家电视台就租借了此处，设置了测试用的播放天线。但是实际上开始做电视播放服务时，已经是 10 年后的事了（1941 年 7 月）。这段期间并非什么也没做，而是不断地改变天线的种类和分辨率，反复进行了多次的测试。此外，若电视台有好几家时，据说传输天线整合为一处比较好。因为发送电波的传输天线若依各电视台各自林立，则每次转换频道时，若接收天线的方向不与该节目传输天线的方向配合的话，电视节目将无法顺利播放出来。

由于纽约后来的电视台数不断增加，因此传输天线后来渐渐都整合在帝国大厦的楼顶上。因此 1951 年时，安装天线用的 67 米长桅杆就重新被加装上去。因此，延伸到天线架的顶端处为止，帝国大厦的高度变成了 448 米。

安装了测试用播放天线的景象。分为影像用（下）与声音用（上）两种。

后来，因为世界贸易中心完成，大部分的电视台都将传输天线搬迁过去了，仅剩下大部分的 FM 广播电台残存下来。但也多亏如此，在处理天线架和传输机器的修理或安装时也变得更加方便了。

移到世界贸易中心的各家电视台天线，在 2001 年 9 月 11 日发生的恐怖攻击事件中随着世界贸易中心大楼遭袭击而消失殆尽，因此又再度地迁回帝国大厦。

帝国大厦若以电波塔的作用与城市象征之姿来看的话，就如同“纽约的东京铁塔”吧。

天线安装前（左）与安装后（右）的比较。

链接　帝国大厦是避雷针？

帝国大厦也扮演着曼哈顿整座城市的避雷针的角色，据说一年当中有超过 100 次以上的雷击。

华尔道夫饭店（The Waldorf Astoria Hotel）这家有名的饭店位于中央公园的附近，以前曾是帝国大厦的旧址。帝国大厦取得迁移至目前建地的空地之后才又重新兴建的。当时为了整地在拆掉饭店的时候，听说饭店迷们蜂拥而至，争相将建筑体的相关构件带回家作纪念。

第二次世界大战即将结束时的 1945 年 7 月 28 日，美国陆军的双发轰炸机 B–25 在浓雾中欲下降高度前往机场方向时，却误入曼哈顿岛的上空并迷失方向，又很不凑巧地偏偏撞上帝国大厦北侧的 79 楼的地方。

机体的主要部分刺入建筑体内，沉重的大型引擎脱离机身，一个穿越楼面飞出建筑体外，掉落在道路对面的 12 层的大楼屋顶上。另一个引擎滚入电梯的机轴中，正中运行中电梯轿厢的顶盖，一起跌落至 75 楼的地面。这起事故受到直接袭击的 79 楼，大约四分之三都被轰炸机的燃料油燃烧殆尽，3 名驾驶员与办公室内勤务中的 11 名员工皆成为牺牲者。而跌落毁坏的电梯轿厢内当时有 2 名女性乘坐于内，不过奇迹似的生还了。

据说建筑结构体的钢骨并无损伤，两天后的礼拜一，大楼的其他部分依然如往常般地开始正常运作。关于被凿出大洞的地方，以及因火灾受到损伤的 78 楼与 79 楼的修复，除了将墙面修补成原来的模样，更换弯曲的钢骨梁架，同时也进行了办公室内的装修。这些工程总共花费了 3 个月左右的时间。

四

古代巨型建筑

古罗马竞技场的建筑技术

历史悠久的古罗马竞技场

约在公元80年，兴建于罗马的巨大建筑——"古罗马竞技场"，被视为古罗马时代的象征，至今仍矗立在街头的正中央。兴建当时虽然是椭圆形的圆筒状，但目前只剩下一半的断垣残壁。它的长轴为188米，短轴156米，高为48米。为了方便比较大小，我们把它拿来与东京巨蛋来比较看看吧。

东京巨蛋外型略呈圆形，但不是椭圆形，而是一个正方形的变形体。它的周长为216米，高为56米。单看它的平面大小，似乎可以把古罗马竞技场完全收纳其中。然而，古罗马竞技场周围的墙壁直耸峭立，以公寓来说约有16层楼的高度。外墙可能比东京巨蛋稍微高一点。一想到这样的建筑竟然是在一千九百年前兴建的，不禁令人感到惊讶！

将古罗马竞技场（左）与东京巨蛋（右）同比例缩小并列在一起作比较。因古罗马竞技场下半段的墙壁已经损毁，所以看起来比完工时稍微小了一些。

从古建筑中学习

仔细观察古罗马竞技场的外墙会发现，它是由呈现圆拱形的墙壁堆栈成三段所组成，而支撑它的立柱上方是附有装饰的柱头。事实上，它的每一段皆呈现不同的造型，请仔细观察看看。它的第一段是多利克柱式，第二段是爱奥尼亚柱式，第三段是科林斯柱式。在这个建筑体上可以完全看到历史建筑的三种柱型样式。或许可以把罗马帝国时代的遗迹称为建筑的化石，可以学到这样巨细靡遗的知识，也要拜赐于建筑物被完善地保存下来。

古罗马竞技场最初的完整样貌

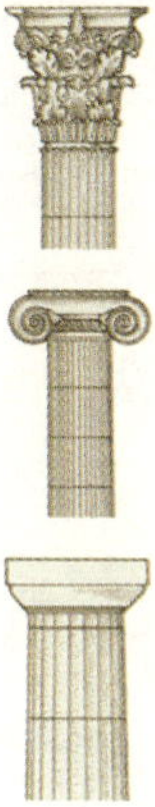

科林斯柱式

爱奥尼亚柱式

多利克柱式

古罗马竞技场使用了具有古希腊代表性的三种柱型样式。

保存了古罗马建筑的古代陶瓷技术

目前只剩下外围一半的壁面，最大的原因是人们把它当成后代的建筑材料在使用，才会被破坏。直到后来，才得知这是神圣之物，因而没有再被破坏下去，才得以残存当初的原貌。如果没有那些搞不清楚状况的人去破坏它的话，或许现今仍然保持着当时的外观。建材方面，下面是采组石造，上面则是以混凝土建造而成。

说起混凝土，“现代都市宛如水泥丛林”这样的说法似乎很具代表性，一般认为混凝土应该是新时代的一项发明，但是事实上，在远古时代的埃及和美索不达米亚时期它就已经存在了[1,2]。而罗马人从埃及继承了此项技术后再将它加以改良。罗马人的混凝土技术在各地被广为使用，但是罗马帝国灭亡后，该项技术似乎渐渐地被遗忘了。然而，根据近年来的研究显示，比起现代的混凝土，它的强度与耐久性更为卓越。有“罗马混凝土”之称的此种混凝土的最大特征是，它在水泥的成分中使用了那不勒斯的火山灰。

罗马建筑师——维特鲁威所著的《建筑十书》（*De Architectura*，拉丁语为“建筑论”），这本建筑相关的技术专书是公元前 15 年左右所写的，当中也记载了罗马混凝土的用途与成分的调配方法。

在日本，因为罗马混凝土的优良特性而备受瞩目，甚至有人

注 1：当时的人发现，燃烧石头的粉末，让当中的化学成分的水挥发后，再重新加入水使其再度与水起化学反应，会得到比原来的石头更为坚硬的物质。

注 2：因为放入钢筋无法单纯做比较，但是日本首度出现真正的 RC 结构是 1911 年完工的三井物产横滨分公司的办公大楼，目前还现存于世。

使用鹿儿岛沙洲台地的火山灰，企图开发出像罗马混凝土这种优良的混凝土。

另外，在以古罗马竞技场为首的罗马时代遗迹当中，也隐藏着极具现代的陶瓷技术！

罗马万神殿（公元 128 年）的天花板。美丽的圆顶天花板造型是罗马混凝土的结晶。

入选世界七大奇迹的灯塔

亚历山德拉的法洛斯灯塔

所谓的“世界七大奇迹”与亚历山大大帝的远征地有着密切的关系，每一个奇景似乎都是大规模的建筑物，可以想象当时人们的震惊与憧憬之情[3]。

法洛斯岛的灯塔曾经在指引亚历山德拉港的位置上起了很大的作用。

在这当中，至今仍残存下来的是埃及的金字塔，而留存到较早时代为止的奇景中，有一个是亚历山德拉的大灯塔，别名“法洛斯岛的灯塔”。

兴建此灯塔的是亚历山大大帝手下的一位将军，在亚历山大死后回到曾是割据地的埃及亚历山德拉港并统治埃及的托勒密一世（Ptolemaios I Soter），以及他的儿子托勒密二世。这是公元前250年左右的事。它在紧连着亚历山德拉港附近的法洛斯岛内以石块堆栈方式建造而成。一般认为它的高度有150米。据说使用了火桶与反射镜的照明，连在50公里外的海上也可清楚地看得见。

注3：所谓的世界七大奇迹是指胡夫金字塔、巴比伦空中花园、奥林匹亚宙斯神像、艾菲索斯的阿尔忒弥斯神殿、哈利卡纳素斯的毛索洛斯王陵墓、罗德斯岛巨像，以及亚历山德拉的法洛斯灯塔。

历经了无数的年代并使用了长达一千五百年的灯塔，终于在14世纪初的一场大地震中被摧毁了。虽然现在早已不留痕迹，但是在12世纪的阿布赫格和伊本·朱拜尔两位阿拉伯人的游记，以及13世纪的宋代中国人赵汝适写的《诸蕃志》这本交易记录里，都留有实际见过此座灯塔的感想，或是同年代建造的石造塔的遗迹等等，从这些描述当中可以想象它从前的风貌。

世界最高的灯塔在日本

你知道目前世界上最高的灯塔身在何方吗？它是位于横滨港的“横滨海洋塔”。当初是为了纪念横滨开港百周年而企划兴建，由于它几乎是位在街道的中央，所以很多人应该没有注意到它是座灯塔吧。它的高度有106米，毫无疑问是世界第一高的灯塔。它的光度可达41公里远处，但是非常遗憾的是，不论在高度或是光度可到达的距离上，都远不及亚历山德拉的大灯塔。

横滨海洋塔

基于以上原因，我针对全日本所有灯塔的光力可及距离做了调查后，发现室户岬灯塔是49米，荣登日本第一的宝座。它的光度很强，约有150台汽车车头灯的亮度。另外，日本国内从海面起算最高的灯塔是临日本海的兵库县余部琦灯塔。建筑物虽然只有14米高而已，但因其矗立在270米高的山崖上，标高达284.1米。

光度可达距离为日本第一的室户岬灯塔，1899 年兴建，为铁制，高度为 15.4 米，从海面起算有 154.7 米。

余部琦灯塔。建筑物虽然只有 14 米高，但是从海面算起的高度却是日本国内最高的灯塔。

古代建筑与太阳的运行

在建造建筑物时，为了避免隔壁建地长时间照射不到阳光，日本制订了所谓“日影规制”的法律。它是以冬至的太阳运行为基准，计算其日影的位置与时间，同时为了不要超过背阴时间的限度，因此限制建筑物的造型与高度的一项规定。虽然不能说这是真正实行天体运行的设计，但是在远古时代里被认为以正确计算太阳运行而建造的建筑物倒是有好几座。

埃及胡夫金字塔

位于埃及吉萨（Gizeh）的金字塔群，这样的庞然大物令人无法想象是数千年前所建造，令所有见过的人皆为之震撼。然而，不单单只是它的巨大程度，其他像是兴建方位正确吻合东西南北的轴线、尺寸大小中隐藏着黄金比例等等，究竟当时的人为何拥有如此高度的知识与技术，令人感到不可思议的地方还有很多尚待发掘。

英国空军摄于 1936 年春分当天下午 6 点的照片。可以清楚看到金字塔侧面形成的阴影。

其中，胡夫金字塔侧边各个三角形的面，若把它从正中央中分为二，据说两侧的面会往内倾斜大约 0.25 度。一般肉眼几乎无法识别出它有往正中央微微凹陷下去。一般认为金字塔本身就是个巨大的太阳时钟，它的日影变化告知人们一年的节气时分。据说每当到了阳光从正侧方斜照而来的春分与秋分那一天的某个特定时点，影子就会从斜面浮上来。当看到此种景象时，数日后尼罗河就会泛滥[4]。

奇琴伊察的金字塔

位于墨西哥犹加敦半岛的奇琴伊察的金字塔是玛雅文明遗迹。它名为"羽蛇神（Kukulcan）神殿"，而玛雅文明的羽蛇神（Kukulcan）与阿兹特克（Azteca）文明中被称为"羽蛇神"（Quetzalcoatl）的神是一样的，是指"有羽毛的巨蛇"之意。Quetzal 意思是鸟，Coatl 则是指蛇。

大家都知道玛雅人拥有以精密的天体观测为基础的正确历法。据说他们将一年制定为 365 天，也计算了火星等太阳系行星的轨道。奇琴伊察的金字塔四面皆有阶梯，各个楼梯的阶数均为 91 阶，若再加上最上层的祭坛那一阶的话，刚好与一年的天数一样是 365 阶。还有，时至春分与秋分之日时，阶梯侧面受到太阳正面照射之下，会出现羽蛇神从天而降之姿。这个现象近来也慢慢被世人揭开神秘面纱了。

注 4：有关这个不可思议的日影，曾经有一位法国数学家，同时也是医学博士的安德烈·波香，于 1930 年代做了相关的研究报告。而在日本，坂根严夫这位学者也曾在其著作《游戏的博物志》（遊びの博物志）中作过相关介绍。

玛雅文明的金字塔里不只是太阳光，据说连音响效果也被巧妙地设计过。站在石阶下用手拍打，会传回尖锐的回音。据说这是重现了住在此区域的鹃鸟的鸣叫声[5]。可以想象每当到了春分时日的某个时点，不但阶梯侧面会出现蛇身蜿蜒的景象，同时神官对着祭坛击掌合十后，鹃鸟的鸣叫声响彻云霄。

春分之日的奇琴伊察金字塔，在左侧日影当中状似波浪起伏的蛇之胴体会闪闪发光，想象成与底下头部连结起来的话，看起来仿佛就像是从天而降一般。

阶梯下方有蛇头形状的雕刻

石头上的羽蛇神像

鹃鸟

注5：栖息于中南美的鹃鸟，身上披着绿色美丽的羽毛，听说它的羽毛比金子还高价，是相当受到珍爱的一种珍鸟。

五

巨型建筑趣事

容纳巨大飞行船的建筑

巨大飞船的机库

制造出巨大飞船——齐柏林伯爵号而声名大噪的德国，在第二次世界大战以前，收纳飞船的机库不分大小及国内外，总共兴建了约 90 座左右。1936 年在法兰克福制造的最大规模机库，全长 275 米、宽 52 米、高 51 米。构造为钢骨结构，机库内部中没有用到任何一根柱子。

在这当中，兴建给南美航线飞船用的，是位于巴西里约热内卢近郊的圣克鲁斯空军基地，目前仍被保留下来。它建于 1935 年，是一座全长 270 米、宽 60 米、高 54 米的巨形机库。据说，齐柏

位于德国 · 法兰克福机库内的兴登堡号飞船

林公司的出品中，型号最大的兴登堡号飞船就曾使用过 4 次，而比它小一号且曾经来过日本的齐柏林伯爵号则使用过 5 次。因此，这座机库可以令人回忆起飞船全盛时期的景况。

触发齐柏林公司飞船之发展的美国，由于对大型飞船抱持浓厚兴趣，向德国齐柏林公司购买了最初机型的完成品后，美国海军自行开发了名为阿克隆号（USS Akron，ZRS-4）与梅肯号（USS Macon，ZRS-5）的巨大飞船。这两架飞船宛如航空母舰一般，可将飞机悬吊于下，使其成功地落地与出发。

由于以上原因才有了这些巨大机库的诞生，事实上这些机库当中有些仍现存于世。同样也是兴登堡号发生爆炸事件的焚毁所在地——美国新泽西州列克赫斯特，目前在此地被保存下来的 1 号机库，拥有全长 294 米、宽 107 米、高 68 米的大小，不但美国海军的大型飞船，甚至是兴登堡号或是齐柏林伯爵号都曾使用过。

下图：返回阿克隆号的装备机。之后被吊起来收进飞船内。

左图：乘客在法兰克福机库准备搭乘兴登堡号的景象。

进入巴西机库的兴登堡号。战前负责从汉堡航行到里约热内卢的直飞航班。

巴西唯一遗留下来的兴登堡号使用过的机库，目前仍被妥善地保存着。

1936 年时的海报。航行于德国汉堡与巴西里约热内卢的 3 日航程。

世上规模最大的木造建筑——巨大的飞船机库

美国受到德国齐柏林公司影响，在第二次世界大战开始之前，全力发展军用大型飞船的建造。第二次世界大战期间，反潜侦察用的中型飞船部队在国内 9 个地点兴建专用机，但为了节省钢材，所以用木造结构来兴建。目前在 4 个地点还存留 7 座，仍然可以见到实体。本来 9 座都被保留了下来，但是毕竟是木制结构，在 1990 年代时因火灾而焚毁了其中的 2 座。

在这当中规模最大的就是位于俄勒冈州的蒂拉穆克（Tillamook）。它的全长 327 米、宽 90 米、高 58.5 米，现在被作为航空博物馆。在木造建筑当中，堪称世界第一。

事实上，还有一个几乎是一样大小的机库，是位于加州的塔斯汀（Tustin）。它的全长为 332 米、宽 91 米、高 54 米。不论是长度或是宽度都比蒂拉穆克机库还大，但是高度却矮了 4.5 米。以木材组装而成的纤细桁架，几乎仍保留了建造当时的样貌，如今来看仍不减当年壮阔之美。

在日本，也可以看到与蒂拉穆克不相上下的巨型木造建筑——奈良东大寺大佛殿，它的宽为 57.5 米、长为 50.5 米、高为 49 米（创建当时据说宽度更宽，有 86 米之说）。

若把这个东大寺大佛殿以长宽 2×6 共 12 座并列在一起的话，似乎可以包覆住整个蒂拉穆克机库，屋檐的部分甚至还多出 10 米。

而日本最大的木造高塔是位于京都的东寺东塔（1644 年重建），其高度为 57 米（也有 54.8 米之说）。虽然高度上仅有些微差距，但还是不及蒂拉穆克机库。

不过，东大寺是在 1709 年重建（原始建筑建于 758 年，目前是第三代），东寺东塔是在 1644 年重建的（原始建筑建于 9 世纪，目前是第五代），可见日本人的祖先也是很了不起的。

在新一代的建筑当中，有 1997 年以木造桁架结构建于秋田县大馆的“大馆树海巨蛋”，它的长径为 178 米、短径为 157 米、高度为 52 米。将长径方向中分为二并排在一起的话，就和蒂拉穆克机库大小差不多，但仍然比不上它。

世上规模最大的木造建筑：蒂拉穆克飞船机库

机库整体的照片

因侧面呈现抛物线状，使重量自然传至地面而成功撑起整体架构。

呈抛物线状的桁架梁与左右相邻的梁相互连结在一起。

木材为结构材料，兴建中之样貌。

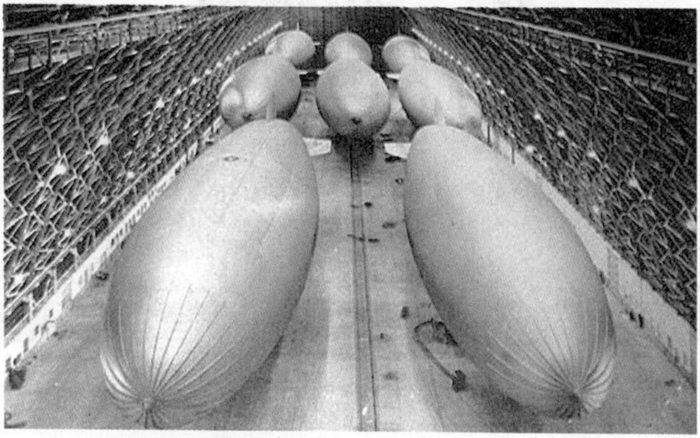

战争时期，曾是小型飞船的专用机库。

机库大门也是庞然大物，据说光是开门就要花上好几个小时。

世上规模最大的木造建筑：塔斯汀飞船机库

1942 年兴建中的样子

目前的风貌

1943 年刚竣工的样子

没有柱子的巨大空间

专为客机设计的建筑

让飞机免于风雨侵袭、可以进行维修的机库，是一种结构体内几乎没有柱子且拥有巨大空间的特殊建筑体。因为是专为巨型客机而设计，因此即使是平房式建筑，其顶棚高度大多都在 30 米以上。

有一种与机库很相似的建筑物，那就是组装飞机的工厂。因为要一边使用装设在顶棚的活动式起重机，将东一块西一块各个部位的大型机翼与机身集结起来，同时还要一边进行组装，因此更加需要巨大的空间。

波音工厂内正在组装全长 71 米、宽 64 米、高 19 米的 B747-400。

世界上，占地面积最广且顶棚最高的建筑，是位于美国西雅图附近，一个名为艾佛瑞特（Everett）小镇中的波音工厂。这是为了组装波音747客机而建造的工厂。可以把它想象成长宽高500米×750米×40米左右的箱子。它的大小可容纳数个长形的东京车站或泰坦尼克号。

在欧洲，曾经引起热门话题的新型双层空客A–380客机，负责组装它的工厂位在法国吐鲁斯（Toulouse），它的长宽为490米×250米，高则有46米。但是它的规模仍不及波音工厂。

为了做出没有柱子的大型空间，就必须把屋顶设计得既轻又牢固。而将此需求化为可能的，就是所谓的桁架结构。将构材使用量最少、也最牢固的三角形相互连接起来所做成的大型梁架横跨在左右两侧，把它当作支撑屋顶的基础。或者，也有利用三角形的短型构材，宛如将整体包覆起来一般所搭建的"立体桁架"（空间桁架：Space Frame）来取代梁，作为支撑屋顶的基础。

桁架梁支撑着巨大的屋顶。桁架之下可以看到最重可运送重达40吨构材的活动式起重机。放在地板上的是巨大的机翼。

从空中鸟瞰波音工厂。

从空中鸟瞰空客工厂。

从空中鸟瞰东京车站与丸之内地区。

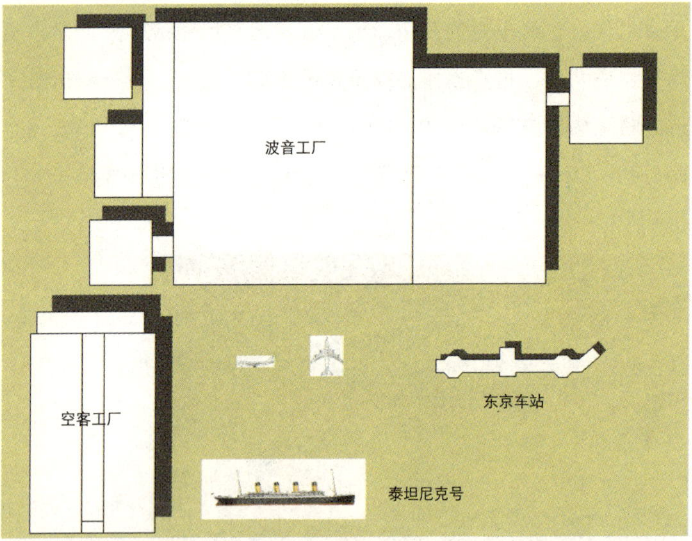

波音工厂、空客工厂与东京车站、泰坦尼克号、B-747的大小比例图。

巨型建筑的屋顶

建筑物一旦变得越来越巨大，就会希望用柱子来支撑整体的重量。然而，为了确保内部的大型空间，有时候是不能使用柱子的。譬如，室内棒球场或室内竞技场等等。这些巨大的屋顶究竟是如何被支撑起来的？其中隐藏着许多奥秘与功夫。

桁架结构的屋顶

以桁架结构支撑屋顶的例子，在前面的喷射机制造工厂与飞船机库的地方已经说明过了。桁架结构中，有将桁架组装成梁之后依平行并排方式来支撑屋顶的类型，也有将桁架以纵横交错方式搭建成“立体桁架”来构成屋顶结构体的类型。

位于美国弗吉尼亚州格林可（Glynco）的飞船基地内，正在搭建 60 米高的机库。因桁架成抛物线状，所以柱与梁呈现一体成形的状态。

桁架梁平行并列的结构

立体桁架做成的屋顶

球形圆顶结构的屋顶

你曾经看过全部由三角形构架组成的球形结构吗？它叫作“测地线圆顶”（geodesic dome）。最早是在1922年，由卡尔蔡司的技师为了天象仪而设计出来的，后来由美国一位叫做巴克明斯特·富勒（R. Buckminster Fuller）的建筑师在1960年代时，把它当作未来型的结构体而广为推行后，才开始变得有名。1967年蒙特利尔万国博览会美国馆，以直径75米的透明球体造型开幕时，大大吸引了众人的目光。这是以钢管组成的测地线圆顶，并贴上了1900块压克力制的嵌板。

1967 年蒙特利尔万国博览会的美国馆是测地线圆顶结构。

悬吊结构的屋顶

这是事先做好坚固的柱与梁，再将屋顶以悬吊的方式搭建而成的一种结构。为了 1964 年东京奥运会而兴建的国立代代木竞技场，就是在 2 根主柱之间拉起 2 条巨大的钢索，并从此处将屋顶悬吊而起的结构。造型与吊桥类似，宛如将下面的部分伸展开来的形状。

完成于 2000 年的英国千禧巨蛋展览馆，是由 12 支桅杆悬吊而起的帐篷。屋顶的材料是弗素树脂加工的玻璃纤维。虽然看起来呈现扁平状，但是屋顶中央部分的高度也有 50 米。

2004 年雅典奥运会的自行车竞赛场（Velodrome），它从最高处有 45 米的弓形钢管拉起钢索，并将以钢与玻璃材质做成的屋顶悬吊起来。

采用悬吊结构的国立代代木竞技场

千禧巨蛋的桅杆有 100 米之高。

雅典奥运的自行车竞赛场

气膜构造的屋顶

以空气支撑屋顶这种极为罕见的结构所兴建而成的，是1988年竣工的东京巨蛋。它的屋顶材质是以弗素树脂加工而成的玻璃纤维布所构成。利用放置于内的36台送风扇持续供给空气，使内部的空气压力升高。也就是说，像是吹饱气球一般，让屋顶保持膨胀隆起的状态。因此，屋顶的重量仅有400吨而已。

由于这种结构在日本是首例，所以当时并没有相关的建筑许可基准。而开启这条划时代新工法实现之路者，是当时建设省（现在的国土交通省）的一位充满朝气、干劲十足的技术官员——大桥雄二先生。甚至到现在结构设计者之间仍流传着，当时若没有他的理解及全力支持，东京巨蛋当时新颖的概念将无法实现的小故事[1]。

活动式屋顶

在硬式棒球的巨蛋球场当中，也有可以配合天候状况将屋顶开启的类型。1993年完工的福冈巨蛋球场的屋顶就是三段式开关设计，其中的两段可以旋转，将整个屋顶打开到三分之二处。屋顶的直径约200米，重量是12000吨。开关之间只要20分钟的时间。

还有2001年完工的札幌巨蛋球场，它可开关的不是屋顶，而是墙壁的一部分。其目的是为了让外面的天然草坪足球场可以

注1：大桥雄二先生在大学时代专攻的是建筑环境设备，进入建设省后，拥有取得建筑构造学博士学位之佳话，并且是一位头脑清晰又优秀的人物。非常遗憾的是，后来大桥先生因病魔缠身，于1998年以令人惋惜的44岁之龄辞世了。

移动到巨蛋球场内。因此，中心方向的观众席设计成可移动式座位，一边移动一边折叠到左右观众席的下方。外面的足球场是种植着天然草坪的巨型场地，利用空气将整个场地如气垫船般浮起。然后，共计 34 个辅助用的车轮与电动驱动用车轮会突出至地面，以 1 分钟行走 4 米的速度自动往巨蛋内移动。进入巨蛋内的足球场地甚至还备有 90 度旋转定位功能。

虽然足球场地的重量重达 8300 吨，但所幸因气压的关系，使车轮的负载量减轻到十分之一的 830 吨[2]。

福冈巨蛋的屋顶是分段式设计，低的部分为可移动式。屋顶打开后，更凸显周围的圆形墙壁，造型很像罗马竞技场。

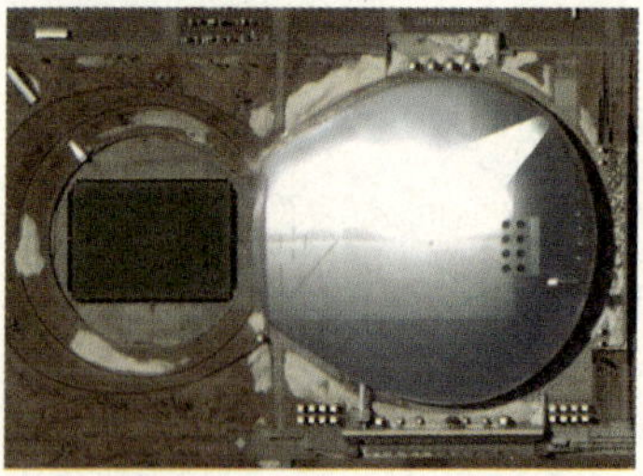

从上空鸟瞰的札幌巨蛋。左边就是足球场的场地，它会自动移入巨蛋球场内。

注 2：足球场的场地面积有 120 米 ×85 米之大，而因气压而浮上的高度也仅有 7.5 米。但是，只要稍微浮上来一点，摩擦力就会变成 0，因此不需要让它浮得过高。

从古至今的金属屋顶

在中世纪的巨型圣堂的屋顶当中，也有保留兴建当时的原貌并留存至今的例子。具有这种耐久特性的屋顶材料中，可以用上好几百年的就是铜。近年来用来代替铜的金属屋顶材料中，像镀锌钢板或压花烤漆钢板等等，因其价格低廉慢慢被广为使用。但是，因为铜具有持久耐用的特性，以及随着时间的推移表面会氧化并被绿锈覆盖而形成独特的青铜绿等两项特点，而一直为人所喜爱，因此至今仍然被使用在金属屋顶的建设上。

金属屋顶的建筑中被认为规模最大者，是位于美国底特律市附近的达美乐农场（Domino's farms）办公园区。此建筑宽度最宽之处有 63 米，长度则有 883 米。屋顶是铺铜材质，使用的铜板面积达 39500 平方米。

近来，利用镍铜合金或钛等材料加入不锈钢、铝之后再使用，渐渐变成未来金属屋顶材料的新趋势。

沙尔特大教堂

达美乐农场办公园区

呈现出美丽青铜绿的法国沙尔特大教堂的屋顶

超高层铁塔的世界

在这里，我们要来看看在性质上与建筑物有些许不同的“塔”与“铁塔”。塔或铁塔原则上不是为了让人们居住其中而建造。譬如东京铁塔里就只有瞭望台而已，还有像日本五重塔这样的塔，虽然外观看起来很像5层楼的建筑，但其实它的内部并没有房间，只不过就是座“塔”而已。

铁塔当中有各式各样的种类

铁塔有自立式铁塔、拉线式铁塔、钢筋混凝土制铁塔等种类。

* 自立式铁塔

著名的东京铁塔与艾菲尔铁塔都是属于“自立式铁塔”的类型。东京铁塔于1958年超越艾菲尔铁塔之后，在被乌克兰的基辅电视塔（385米）于1973年超越之前，一直是世界上最高的自立式铁塔。未来，新东京铁塔（610米）将会超越基辅电视塔，再度让日本登上世界第一的自立式铁塔宝座。

基辅电视塔的建材中有使用钢管这项材料。

* 拉线式铁塔

“拉线式铁塔”是一种非自立式的铁塔。它是将直立的细长铁塔以伞状张开的支线撑起的方式。虽说是铁塔，事实上结构体本身多以天线为主，因此似乎也会被质疑它不是很高的铁塔，而是很长的天线组合体。

拉线式铁塔中高度最高的是1963年建于美国北达科他州的法哥，一家叫做KVLY-TV塔的无线天线。它的高度高达628.8米，是东京铁塔的1.9倍，比未来的新东京铁塔（Tokyo Sky Tree）还要高上19米的铁塔。这座KVLY-TV塔也曾经一度被同样是拉线式铁塔所超越，那是在1974年华沙电台广播塔（647米）完工时的事。然而，1991年因更换天线时倒塌了，因此，KVLY-TV塔又再度重返冠军的宝座。虽然有这样的原委，使得KVLY-TV塔以世上最高建筑物之姿称霸了全世界，但是，最终它还是被非拉线式铁塔的迪拜塔这座超超高层建筑给打败了[3]。

拉线式铁塔很意外地数量相当多，高度超过600米以上的就有60座以上。450米以上的也有250座之多[4]。这些都是播放用天线。要建造这种拉线式的铁塔，如果没有广阔的土地是不可能完成的。因为有1000米以上长的支线以铁塔为中心呈伞状扩展开来，所以飞机若太靠近的话会有危险。或许因为如此，这些拉线式铁塔大都位在美国中部地区的州内。

注3：迪拜的迪拜塔不仅是世界最高的建筑，包含兴建用的工作塔高度在内也曾经是世界第一。它超越KVLY-TV塔是2008年3月的事。

注4：新东京铁塔的兴建目前还在奋斗当中，比它还高的拉线式铁塔包括KVLY-TV塔在内共有4座。但是在自立式铁塔的世界里仍然是世界第一。

然而，这种单独的天线只是由很长的天线部分与支撑它的电线所组成，所以在短时间内即可兴建完成。前面提到的KVLY—TV塔只花了30天就完成了，费用换算成现在的币值也才花费不到4亿日元而已。

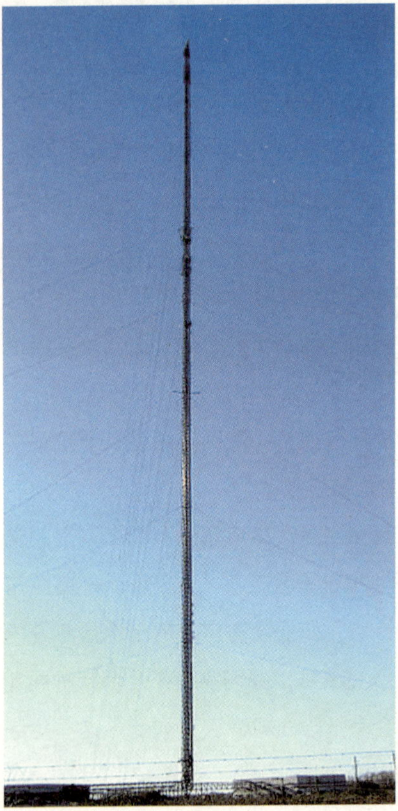

这是位于得克萨斯州、高601米的Senior Road FM铁塔。在拉线式铁塔的高度排名中名列第57名。虽然支线非常细几乎看不太出来，但它是从8个分割点将总计32条支线朝四方拉开来固定的。结构体本身为桁架结构。

CN铁塔的高度自1976年以后成为钢筋混凝土制自立式铁塔中的世界第一。

* 钢筋混凝土制铁塔

混凝土制的铁塔中没有拉线式的类型，全部都是自立式的。其中，比东京铁塔还高，也附有瞭望台的铁塔是位于加拿大多伦多的 CN 铁塔，这是钢筋混凝土制类型中名列第一名的铁塔。它的高度为 553.3 米，于 1976 年完工。在自立式类型当中仅次于新东京铁塔（Tokyo Sky Tree）。

钢筋混凝土制中排名第二的，是位于莫斯科的奥斯坦金诺塔，在欧洲当地是最高的铁塔。它的高度为 540 米，于 1967 年完工。在高 350 米处是餐厅，再上面就是瞭望台。

钢筋混凝土制中排名第三的，是位于上海的东方明珠塔。它的高度为 468 米，于 1994 年完工。在自立式类型中曾是亚洲最高的铁塔，但是后来就将此宝座让给新东京铁塔了。

左图：奥斯坦金诺塔

右图：东方明珠塔（东方明珠广播电视塔）

比东京铁塔高的塔、楼一览表

名称	高度（m）	国家	地名	完工年度
迪拜塔	818	阿联酋	迪拜	2009
KVLY-TV 塔	628.8	美国	北达科他州	1603
KXJB-TV 塔	628	美国	北达科他州	1998
KXTV/KOVR 塔	624.5	美国	加利福尼亚州	2000
KZFX-TV 塔	615	美国	得克萨斯州	
新东京铁塔（Tokyo Sky Tree）	610	日本	东京	2011
省略其中 94 座				
CN 塔	553.3	加拿大	多伦多	1976
省略其中 8 座				
奥斯坦金诺塔	540	俄罗斯	莫斯科	1967
省略其中 33 座				
台北 101	509.2	中国台湾	台北	2004
省略其中 14 座				
上海环球金融中心	492	中国	上海	2008
省略其中 45 座				
东方明珠塔	468	中国	上海	1994
省略其中 51 座				
双峰塔	452	马来西亚	吉隆坡	1998
西尔斯大楼	442	美国	伊利诺伊州	1974
波艾尔·默德塔（Borj-e Milad）	435	伊朗	德黑兰	2003
吉隆坡塔	421	马来西亚	吉隆坡	1995
金茂大厦	420.5	中国	上海	1998

名称	高度（m）	国家	地名	完工年度
香港国际金融中心二期	415.8	中国	香港	2003
天津广播电视塔	415	中国	天津	1991
中央广播电视塔	405	中国	北京	1992
中信广场（CITIC Plaza）	391	中国	广州	1997
基辅电视塔	385	俄罗斯	基辅	1973
信兴广场大楼	384	中国	深圳	1996
帝国大厦	381	美国	纽约	1931
高雄 85 大楼	378	中国台湾	高雄	1997
塔什干塔	375	乌兹别克	塔什干	1984
中环广场	374	中国	香港	1992
解放塔（Liberation Tower）	372	科威特	科威特	1996
阿斯塔纳塔	371.5	哈萨克	阿拉木图（阿马阿塔）	1983
里加广播电视塔	368.5	拉脱维亚	里加	1987
柏林塔	368	德国	柏林	1969
中银大厦	367	中国	香港	1990
美国银行大厦	366	美国	纽约	2008
维尔纽斯电视塔	365	立陶宛	维尔纽斯	1980
Gerbrandy 塔	365	荷兰	乌特勒支	1961
阿勒码斯大楼	360	阿联酋	迪拜	2008
WRLT 塔	360	美国	田纳西州	不明
赛格广场（SEG Plaza）	355.8	中国	深圳	2000

名称	高度（m）	国家	地名	完工年度
第一加拿大人广场	355	加拿大	多伦多	1975
阿联犹办公大厦	354.6	阿联酋	迪拜	2000
云霄塔（Stratosphere Tower）	350	美国	拉斯维加斯	1996
康泰纳仕大楼	348	美国	纽约	2000
长江江阴大跨越铁塔	347	中国	江阴	2003
怡安中心（AON Center）	346	美国	伊利诺伊州	1973
中环中心	346	中国	香港	1998
约翰·汉考克塔大楼	344	美国	芝加哥	1969
西部明珠电视塔	339	中国	成都	2004
澳门旅游塔	338	中国	澳门	2001
欧罗巴电视塔（Europaturm）	337.5	德国	法兰克福	1979
黑龙江电视台 龙塔	336	中国	哈尔滨	2000
蔷薇大厦	333	阿联酋	迪拜	2007
上海世贸国际广场	333	中国	上海	2006
东京铁塔	333	日本		1958

超高层建筑　钢筋混凝土制铁塔

拉线式铁塔　自立式铁塔

艾菲尔铁塔

东京铁塔与艾菲尔铁塔在形状与大小上虽然极为相似，但是两者在兴建之初的目的上却迥然不同。东京铁塔建于 1958 年，一开始就是以传输电波为目的来设计。然而，艾菲尔铁塔的兴建目的却不是电波塔。虽然现在也装设着天线，在电波塔的作用上也担负着重要的角色；然而在 1889 年兴建之初，它却是为了法国革命 100 周年纪念活动而举办“第四届巴黎万国博览会”时，所兴建的一座象征性铁塔。也就是法国革命百年纪念塔。此外，借着在博览会场中格外引人注目的优势，也达到了把预言新一代钢铁结构物之技术，以独创的设计与巨大之姿向世人夸耀的目的。

艾菲尔铁塔

艾菲尔铁塔内共有三处瞭望台。最高的瞭望台位于 276 米的位置。艾菲尔公司出资兴建铁塔的代价是取得 20 年的营业权，所以自兴建计划之初，就将瞭望台也规划为入场费的重要收入来源。虽然兴建初期曾因景观问题而引发论战，但落成后却大受欢迎，在万博会期仅仅半年的期间内就有 197 万人入内参观过。

巴黎在 1900 年也举办了第五届巴黎万国博览会，当时艾菲尔铁塔依然是备受注目的焦点。因司马辽太郎的小说《坂上之云》的主人翁而出名的海军军人——秋山真之，在该年 5 月的视察之旅中造访巴黎之际，与当时驻俄武官——广濑武夫一起登上艾菲尔铁塔。秋山与广濑被卷入日俄战争是 4 年后的事。另外，因留学赴英的夏目漱石顺道拜访巴黎是在该年 10 月，当时滞留了 6 天并造访万博会场 3 次，也登上了艾菲尔铁塔，这些内容都在写给妻子的信当中，表达了自己的感想[5]。

另一方面，东京铁塔落成之初，高度只有到达现在被称为大瞭望台的地方，与艾菲尔铁塔的 276 米相互较量之下，它的瞭望台高度只有 125 米，算是相当低的建筑物。一般认为，它的主要功用是电波塔，当初并没有打算与其他建筑较量高度的意图。后来，由于东京铁塔周边开始盖起较高的建筑，于 1968 年在 233.6 米高的地方，将原本放置材料或作业用的平台加以改造，兴建了特别瞭望台。

注 5：在同时代也赴欧洲留学的名人当中还有森鸥外，他在留学期间没有机会登上艾菲尔铁塔。因为在他结束 4 年的德国留学生涯后踏上归途之际，是艾菲尔铁塔完成前 8 个月的 1888 年 7 月的事。

链接　与艾菲尔铁塔相关的小故事

古斯塔夫·艾菲尔

谁是艾菲尔铁塔的设计者？

一般都认为是古斯塔夫·艾菲尔（G. Eiffel），然而，艾菲尔铁塔其实是由他经营的建设公司——艾菲尔公司内的技术人员所负责设计的。但是不可否认的，他也是一位优秀的技术人员。艾菲尔公司是一家摆脱过去石造建筑的传统主义，专门从事设计与建造使用铁建材的机能型桥梁及建筑的新型态公司。

艾菲尔氏取得的艾菲尔铁塔营业权时，最初的合约只有自1890年算起的20年而已。艾菲尔氏为此成立了一家名为艾菲尔铁塔股份有限公司来经营。后来，经历多次延长营业权合约，最后在1980年经营权移转至巴黎市第三区为止的90年间，都是由艾菲尔氏成立的民间企业在经营。艾菲尔铁塔公司后来与铁塔营运内容无关之后，运用之前累积的相当资产转型成投资公司，据说此家公司目前仍然继续经营着。

你知道艾菲尔铁塔与自由女神像之间的关系吗？自由女神像的中央结构是由钢骨构成的。设计它的则是身为技师的古斯塔夫·艾菲尔。

艾菲尔铁塔随着时间流逝，颜色已逐渐改变。虽然现在的颜色是灰褐色，但是夏目漱石与秋山真之所见到的艾菲尔铁塔应该是黄色的。

东京铁塔是电波塔吗

何谓日本电波塔股份有限公司

听到“日本电波塔股份有限公司”，我想你应该搞不太清楚它是什么，然而，它却是东京铁塔的正式名称。如果没有东京铁塔的话，电视台的传输天线应该会到处散乱地林立着。这么一来，看电视时若不把接收天线的方向调整成电视台传输天线的方向的话，影像就无法正常播放；因此，家家户户为了要看电视节目，不是得配合频道数装置天线，就是在每次切换频道时必须转换天线的方向。

落成时相当时髦的东京铁塔
照片提供：日本电波塔。

日本最早的电视

播放开始于1953年，随着之后电视台接二连三地开播，为了因应这些需求与解决连带的问题，东京铁塔便以"整合型电波塔"为目的来进行兴建

加设瞭望台的电波塔

东京铁塔在电波塔上附设观光用瞭望台的高塔，这样的例子，并非东京铁塔首创，早在1954年的名古屋电视塔，以及1957年的札幌电视塔中已有这种做法[6]。这两座铁塔都是内藤多仲博士所设计。在这些都市中，电波塔之所以会成为必要建设，是因为缺乏可以装设天线的群山天然地形。

东京铁塔由两个部分构成

东京铁塔是由电波天线与支撑它的铁塔这两个部分所构成。它是在253米的铁塔主体上再装上80米的天线，总高度为333米。

设计之初是以天线80米、铁塔主体300米，合计380米来规划设计的，但是为了减少强风吹袭时造成天线剧烈晃动，因而将整体高度降低。如此缩减铁塔部分高度的结果，使得总高度变成了333米。

东京铁塔的基础结构

东京铁塔是由4支脚柱来承重，脚柱下方各有8根直径2米、长15米，合计32根的地桩打入地面，用以支撑地面下的地基。东京铁塔的总重量约为4000吨，据说它的基础结构是设计成可承受其重量的4倍，也就是约16000吨的重量。

地上数字的天线藏身何处

新东京铁塔（Tokyo Sky Tree）内计划设置地上数字播放的专用天线，然而，东京铁塔内除了设置从前的模拟播放用天线外，同时也装设了地上数字用的共同天线。它的装设地点就在特别瞭望台上方涂成红白色、呈现甜甜圈环状的地方。除此之外，东京铁塔内还设有FM播放用天线与微波天线，因此和完工之初相比，看起来胖了许多。

瞭望台上的红白环状处就是地上数字的天线。

注6：由内藤博士设计、完成于1957年的别府铁塔，本来是一座电视塔，目前则是只作为瞭望台用的铁塔。

世界第一的新东京铁塔

2011 年 7 月 24 日开始，日本的电视将全面转换成地上数字播放系统。因此，计划在墨田区兴建一座比东京铁塔还高的电波塔——新东京铁塔，因其高度约为 610 米，完成后将刷新自立式铁塔世界第一的纪录。

它是以编织成篮子状的钢筋来支撑整体重量，塔下方的横切面呈现三角形，上面的横切面则是随着高度往上延伸慢慢变成圆形的结构。瞭望台共有两处，较高的瞭望台有 450 米，远远超过目前日本最高瞭望台——横滨地标塔大楼 69 层“天空花园”的 273 米，未来将稳坐日本第一的宝座。

照片提供：东武铁道 · 东武铁塔天空树。

鲜为人知的铁塔

截至目前，我们已经看了主要几座高耸入云的塔楼或铁塔的代表性建筑。接下来，我们再来看看几种大家比较没听过的特殊型高塔。

钻探平台是藏身海面下的巨人

钻探平台是为了挖掘海底油田或天然瓦斯田而设置于海上的结构物。像是附设了开采设备与作业人员居住设备的基地。外形就像突出海面上的高台，宛如从海底深处伸出一支长形支柱并在上面顶着一块平台一般。

这是佩特罗尼斯平台。突出于海面的建筑体可区分为两个部分，两者都是在陆地完成后以船舶运送至施工处后，再装设于脚柱上而已。这里是24小时运作，由2组人员轮班进行石油开采的工作。

世上最大的钻探平台是位在美国新奥尔良西南方 210 米的墨西哥湾，兴建于 2000 年的佩特罗尼斯平台（Petronius Platform）。从海底到建筑体顶端的高度高达 610 米。虽然和新东京铁塔的高度差不多，但实际上从海面突出的部分只有 75 米左右而已。除此之外，墨西哥湾内除了包括波德佩特平台（Baldpate Platform，1998 年）、布尔温克平台（BullwinklePlatform，1989 年）等排名第二与第三的平台以外，还集中了 3860 座左右的海上平台[7]。

佩特罗尼斯平台的 4 支脚柱下各有 4 根长 135 米的地桩深深打入海底，用以支撑巨大浪潮的波动。脚柱部分的重量是 4 万 3000 吨，海上结构体的重量则有 7500 吨。

这是 Troll A 平台。脚柱为中空状态，延伸至海面下 300 米处。工作人员曾在此举办过余兴演奏会。

注 7：排名世界第 4 位的钻探平台不是在墨西哥湾内，而是位于挪威卑尔根西北方 80 公里的北海——Troll A platform（472 米）。它建于 1996 年，主要用来开采天然瓦斯气而非石油。

烟囱也不落人后

在自立式建筑中，烟囱的高度令人出乎意料地高。世界上最高的烟囱位在哈萨克埃基巴斯图兹的火力发电厂内，它建于1987年，高度高达420米，超越东京铁塔90米之多。现代的烟囱大都是钢筋混凝土制，以前也有砖造的类型。根据现有纪录，砖造烟囱中最高的是建于1919年，位在美国蒙大拿州安纳康达（Anaconda）的炼制厂，其高度高达178米。虽然炼制厂在1981年关闭了，但是烟囱部分却未损坏，目前仍被保留下来。因为它的高度很高，顶端的内径有18米之宽，宛如又粗又巨大的大炮一般。

日本最高的烟囱则是建于1971年完工于茨城县的东京电力鹿岛火力发电厂的烟囱，高度为231米。全世界比东京铁塔（333米）还高的烟囱就有十来座。

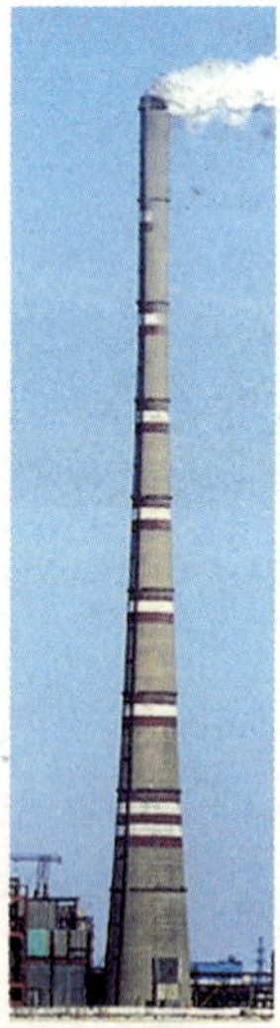

世界最高的哈萨克埃基巴斯图兹的烟囱（420米）

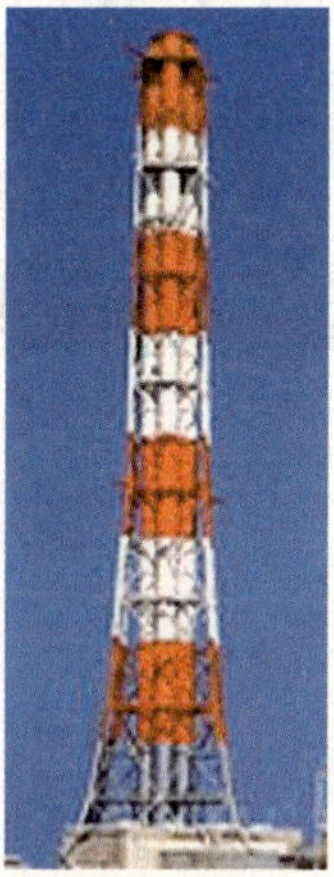

安纳康达的砖造烟囱（178米）

东京电力鹿岛火力发电厂的烟囱（231米）

超过 100 米的木造高塔

非自立式铁塔的自立式木塔，很少人知道在战前的德国境内就已经有好几座了。1930 年代前期，160 米高左右的木制桁架结构电波塔开始在各地兴建起来。其中，号称有 190 米高的是，位在德国西南部的穆拉克（Mühlacker）于 1934 年所建造的电波塔。此座高塔在第二次世界大战结束当年（1945 年）就被拆除，其他的高塔也都在 1960 年之前几乎消失殆尽。但是，位于波茨坦中马克县的葛卢姆（Gollum）电波塔（1948 年制、100 米），以及伊仕玛宁（Ismaning）的电波塔（1932 年制、165 米）则保留到较近期之前。不过，两者也都分别在 1979 年与 1983 年被拆除了。唯一超过 100 米也保留至今的，是位在目前已成为波兰领地的格利维采（Gliwice）于 1935 年所建造的木塔，高度有 111 米。现在仍被当作行动电话专用的天线在使用。

穆拉克的 190 米高之木制电波塔

伊仕玛宁的 165 米高之木制电波塔

现存于格利维采的 111 米高之木制电波塔

日本国内鲜为人知的铁塔

说到日本国内最高的铁塔，马上浮现脑海的就是东京铁塔或新东京铁塔；不过，在长崎县对马的上对马町舟志这个地方，有一座名为“欧米茄（Omega）铁塔”的东洋第一电波塔，一直保留至最近几年才被拆除，但却不太引人注目。事实上，它的高度有 455 米，超过 333 米的东京铁塔，曾经号称日本第一，完成于 1975 年。

对马欧米茄铁塔的类型是属于前面介绍过的拉线式铁塔，一共使用了 16 条空中线拉开成伞状来支撑整座铁塔的重量。它和属于自立式铁塔的东京铁塔分属不同类型，或许也是未将两者拿来相互比较的原因吧。比起这一点，存在于美国的众多拉线式超高层铁塔，竟然也曾出现在地窄人稠的日本，倒是比较耐人寻味的地方。

全世界的欧米茄铁塔包括日本对马这一座，总共设置了 8 座。从发射台所送出的电波可以涵盖全球，同时能测定航行中的船舶所接收的电波并确认其所在位置，曾经是一个划时代的系统；但是，随着人工卫星 GPS（全球卫星定位系统）的使用慢慢普及后，已于 1997 年关闭了。

日本的欧米茄铁塔在 1999 年被拆除，当地的对马上对马町接收了拆卸后的铁塔，并将它投放海中作为鱼礁再利用。

世界最长的桥——明石海峡大桥

因世界最长而闻名的明石海峡大桥，是横跨淡路市与神户市之间的明石海峡的一座吊桥，长度长达 3911 米。这座吊桥不但通过风洞测试，且设计成可抵挡秒速 80 米的强风。测试完成前，共历经 12 年的时间。

基础结构仅放置于海底

明石海峡大桥的兴建费用共耗资 5000 亿日元，其中，约有 40% 是用在基础工程的部分。吊桥的支撑构造是由称为主塔的两座桥墩，以及固定着横跨两端主钢缆的两座桥台，这四个基础结构所组成。支撑主塔的基础是直径 80 米、高 70 米的圆筒形结构，它是事先在造船厂内制作完成后，再将它从海上像是船舶浮在海

号称世界最长的明石海峡大桥全景。照片提供：本州岛四国联络高速公路公司。

面般运送至施工处。它并不是在装设地点打入地桩，而是仅将此基础结构放置在海底水平挖掘了20米的地方。设置完成后再将钢筋混凝土灌入其中。

被拖曳的沉箱。照片提供：本州岛四国联络高速公路公司。

桥桁也是将陆上制作完成之成品，以大型起重机船运送至海上的工地后再吊起来施工。作业时，需从主塔取得左右两边的平衡，再慢慢延伸至两侧并将之连接起来。

主塔也是电波塔

明石海峡大桥的主钢缆上，有290条钢索垂直而下，用以吊起桥桁。虽然这些钢索的排列，在我们一般人眼里觉得尽是缝隙，

主塔上端装设着接收用与传输用的天线。

但是对电视播放用的电波而言，却形成一道很难让电波通过的阻碍墙。因此，主塔的顶部架设了转播用的天线，专门负责讯号的接收与传送。

主塔比日本第一的超高层建筑还高

明石海峡大桥的两座主塔均为钢骨结构，高度是 298.3 米。把它视为铁塔的话，高度仅次于东京铁塔。事实上，它的高度比日本最高的大楼——地标塔大楼的 295.8 米还高。

主塔最上端的横梁上设有一般民众也可前往的户外瞭望台。该处高度为 289 米，超越地标塔大楼 273 米的瞭望台，可以说是目前日本最高的瞭望台。

主塔内附设了减震装置

明石海峡大桥内也施加了防范风灾与地震摇晃的相关因应措施。利用减震装置的作用原理，让摆锤的作用力往摇摆的反方向移动，这种装置在一座主塔内就装设了 20 个。

与主塔高度之比较

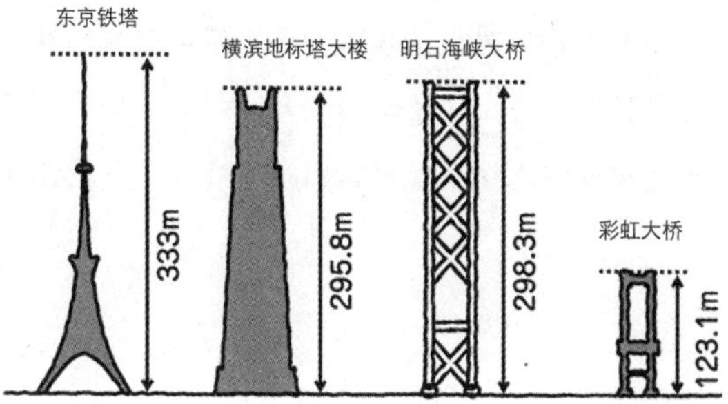

巨大吊桥的起源

像明石海峡大桥这样巨大的吊桥，究竟是从什么时候开始出现的呢？为了不成为船舶航行时的障碍，所以尽可能地减少桥墩的数量，如此一来，桥墩间的间距就变得必须要拉长。而成为现今明石海峡大桥等最初原型的吊桥，其技术先驱者早在一开始就逐一解决了许多问题。

布鲁克林桥（Brooklyn Bridge）

在认为将桥墩间距拉长为 500 米宽是不可能的 19 世纪后期里，有一位美国的工程师首次想出利用当时才刚普及的钢铁制成的钢索来建造吊桥。他就是曾经在德国接受技师专业训练，后来移民美国的约翰·罗布尔（John Roebling）。当时的美国正处于比欧洲更早一步从炼铁时代转换至钢铁时代的时期。也就是说布鲁克林桥，与在纽约市内开始使用钢铁来建造钢骨结构的摩天大楼，两者的起源是属于同一个年代[8]。

在水中制造桥墩基础的技术，是采用当时才刚在欧洲诞生不久的“压气沉箱工法”（Pneumatic caisson）。它是将沉箱沉入海中，并于沉箱内注入空气使其露出水底并进行开挖作业。目前，

注 8：罗布尔发明了用编织（搓捻）钢丝来制成钢缆的方法，并且经营了一家相关的制造工厂。据说他当时已经预见了使用钢缆建造吊桥的未来性。

这项技术依然被广泛地使用。

此座吊桥是在1869年动工，但因约翰·罗布尔在工程期间受伤，因此开工后不久即病故。后来，由其子——华盛顿继承其遗志，但是他也因此项工程患了潜水员病，导致下半身瘫痪[9]。结果，由其妻——爱蜜莉接手帮忙，终于在1883年完成。自完工到1903年为止，一直荣获世界最长的吊桥之美誉。还有，它也是世上首座使用钢制绳缆的吊桥，一般认为，它可以说是明石海峡大桥兴建当时的一个基准点。

据说，罗布尔的设计比实际吊桥所需强度高出6倍。或许是因为这样，时至今日，布鲁克林桥依然如往昔般继续在使用。只是，在1980年左右曾经发生过一次部分钢索断裂的事故。

布鲁克林桥全景

注9：所谓潜水员病（caisson disease）是指，溶解在体液中的气体因高压环境急遽减压，因而形成气泡堵塞住血管所引起的身体障碍，又称为减压症。潜水病的原因也是如此。

压气沉箱工法

首先，将圆筒形的沉箱沉入海中。把沉箱顶部堵住后注入空气，提高其内部压力并将沉箱内的水向外挤出。接着，再对露出的水底进行开挖的作业。

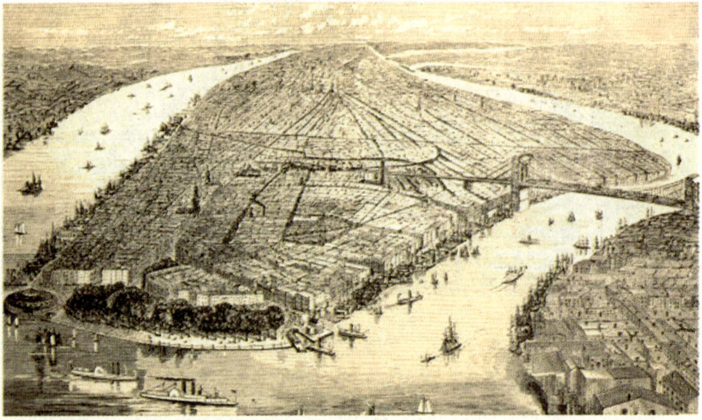

1885 年的鸟瞰图。连接曼哈顿岛与纽约布鲁克林区的划时代吊桥。

守护强风中的吊桥

1940 年，美国曾发生因强风灾害而使刚完工的吊桥崩塌的事故。这起事故大大地改变了往后以巨型吊桥为首的巨大高层建筑设计上的解决方案。此事故中最受到注目的就是“振动”的问题。作用在建筑体上的振动应注意的是共振与自激振动（self excited vibration）。我想大家应该都知道共振，但是对于自激振动如果也有概念的话，就会更容易了解，为什么振动会造成不好影响的原因了。

采用了振动工学的原理——共振

不是只有桥和建筑物，所有的东西都拥有其特定的频率，它有固有振动数、固有周期、共振频率等等说法。当外部传来与共鸣频率相同的振动时，就一定会产生共振。秋千之所以荡得起来，是因为配合秋千固有周期的律动，再加上人体重量而引起共振。好像有人拥有仅以声音就能将玻璃杯震破的特技，这就是玻璃杯的固有振动数与声音振动数一致时所产生的共振效果。以桥的例子来说，在吊桥上以纵向律动来摇动时，有时候吊桥就会开始产生大幅摆动，这就是所谓的共振。

我们来整理一下共振的原理，它必须要有外来的振动，当其振动数与对象物的固有振动数吻合时，就会产生此现象。而反过来利用这种共振现象原理的就是阻尼器这些减震技术。

共振的原理

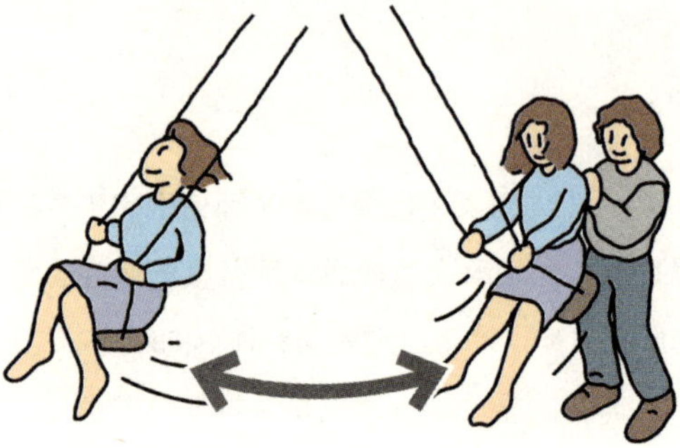

共振的原理：秋千若配合固有振动不去推它，则不具有弹力。

采用了振动工学的原理——自激振动

此外，与振动乍看之下并无关系的物体，有时候也会引起振动。最浅显易懂的，就是因风力引起百叶窗窗扇啪嗒啪嗒作响的样子，或是划动船桨时因水力的抵抗使船变得摇摇晃晃的感觉等等[10]。

飞机机翼后缘的活动叶片叫作辅助翼，此辅助翼会因气流而引起“颤振（Flutter）”的自激振动。颤振是一种可能引起飞机在空中分解的可怕现象[11]。举吊桥的例子来说，与影响吊桥振动原因乍看之下似乎是没有任何关系的风力，当它直击吊桥时，桥身就会呈现横向摆荡的状态。

注 10：这个因流体造成自激振动的原因，是一种称为“卡门漩涡”的气流漩涡。当流体受到抵抗时，它的背后就会交错形成气流漩涡列。因取研究者之名而将它称为卡门漩涡。当形成卡门漩涡的周期与结构物的固有周期一致时，就会发生自激振动。

我们来整理一下自激振动的原理，它是一种对于与振动无关的力量的作用，使其自行产生振动的现象。强风会产生多大的风力可以依照流体力学来阐明，但是，因多重原因所引起的自激振动则相当难以预测，因此时至今日，仍然会使用模型来进行风洞测试。现在，在巨大吊桥或超高层建筑内进行因应自激振动的防震设计，已经变成必要的事了。这可以说是从理应可承受秒速 60 米，却因秒速仅 19 米的强风而被吹垮的“塔科马海峡吊桥”事件中，所得到的宝贵教训与经验。

塔科马海峡吊桥的事故

塔科马海峡吊桥兴建于 1940 年，是一座横跨美国华盛顿州塔科马海峡（Tacoma Narrows）的吊桥，完成之初，号称运用了

自激振动的原理

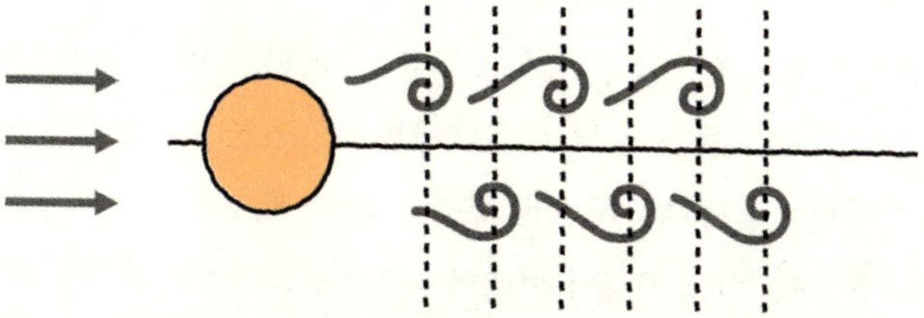

旋涡交错地产生，当它的周期与物体的固有周期一致时，就会发生自激振动，并开始往倾斜与直角的方向摇动。

注 11：自激振动除了因流体造成之外，也有因摩擦为起因的振动。用粉笔在黑板上画线时，有时候会发出嘎答嘎答的声音且画的线变成了虚线的情形，就是那种感觉。垫子磨损后的煞车器会发出哆哆哆的声音并产生震动，也是因为摩擦所引起的。

最新技术建造，且为世上第三长的吊桥。由于崩塌当时的详细历史画面被留存下来，所以直至现今依旧是相当有名的活教材。吊桥崩塌的原因之一，是联邦政府大幅缩减当时的预算。因此，在设计上不得不进行大幅的修改。最初是由克拉克·埃德里奇（Clark Eldridge）这位设计师提出具有相当厚度的桁架结构之桥桁设计，后来经联邦政府的推荐，又加上里昂·莫伊塞弗（Leon Moisseiff）设计师的修正，重新更改了设计方案。

里昂·莫伊塞弗推动了“弯曲理论”[12]的设计理论，是当时最受信赖的一位技术者。这个根据最新理论所设计的结构物，也得到华盛顿大学的法克·哈逊教授的认同。最后，因为这个方案比原设计的造价便宜了40%，州政府当局也欣然采纳此案后立刻开工。但谁也没料到会发生吊桥坍塌的事件。

由于当时没有振动工学的知识，所以，才会对因风力引起的自激振动毫无防备。但是在当时，这是任何人也无法预料的事情。事实上，据说从施工开始就已经知道吊桥会因强风而摆动，期间也进行过多次的补强作业。但尽管如此，依然无法抑制摇晃的情形。

通车四个月后的11月7日星期四，当天早上开始就因强风造成桥身大幅摆动，所以也通知了法克·哈逊教授。为了提出改善对策，教授的研究室小组成员在桥上安装摄影机录下实际影像，也记录了相关调查数据之后，终于在风速达到每秒19米的时候，从原先的巨幅上下摆动变为左右扭力摆动，约1小时后，桥桁就

注12：所谓弯曲理论是指，当吊桥的桥墩距离过长时，钢缆本身重量会比桥桁的重量相对地变重，而这时通过桥面的人车之重量，并非利用桥桁而是利用钢缆的弯曲挠度来支撑，因此桥桁就不需要再进行补强作业的一种做法。

被扯断并崩塌。

桥面濒临崩塌之前，待在桥上的就是法克・哈逊教授。虽然在千钧一发之际捡回了一条命，但是他似乎还是无法相信吊桥会发生崩塌的意外。根据调查显示，桥的横切面呈现横向细长的H型，从横向而来的风力会直击桥桁垂直的侧面并将它分成上下两段。那些气流会在桥面床板的上下形成空气旋涡（卡门漩涡）。它会引起薄板状的床板上下振动，而床板的上下振动会引发更大的气流漩涡，在这样持续反复的作用之下，最后终于超过吊桥本身可承受的极限。

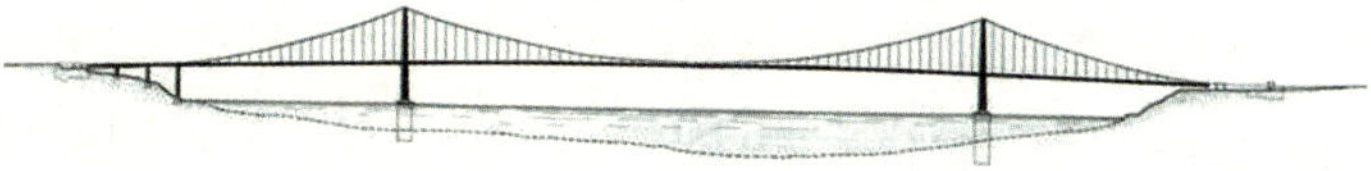

塔科马海峡吊桥（1940 年）的设计图

崩塌事故时景象的照片

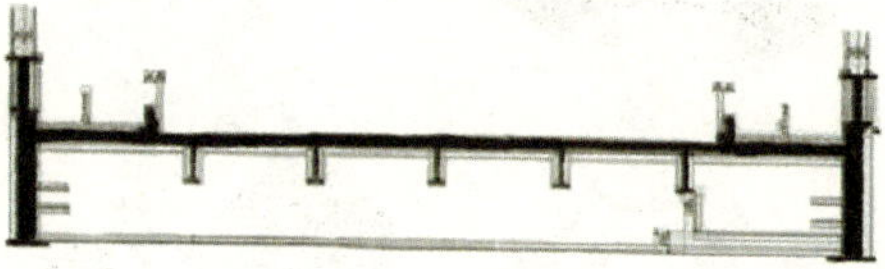

塔科马海峡吊桥（1940 年）的H 型横切面

塔科马海峡吊桥相关人员的遭遇

与此事故相关的所有设计与建设的人员，谁也没有被归咎应负起责任。因为引起崩塌的原因超越了当时人类的智慧。而在1950年完成重建的新桥，这一次就克服了摆动的问题。

工程师埃德里奇只待在吊桥重建小组数个月。因为他与莫伊塞弗合不来等种种原因，使得他在得到海军的工作后便转任到关岛。后来就这样投入太平洋战争，并成为日本军的俘虏，直到战争结束前都待在日本的俘虏收容所内。听说战后回到美国之后在其逝世之前，都以工程师之姿活跃于建筑界的第一线。

法克·哈逊教授则在吊桥重建上实施各项模型试验并在该领域做出贡献，据说他依然以吊桥空力学先驱之权威持续在华盛顿大学进行研究，并参与了世界各地的吊桥兴建计划。

工程师莫伊塞弗本来是吊桥工程的权威，曾经参与纽约的曼哈顿桥等建设，但在联邦政府的推举之下，为了要削减兴建成本才来到华盛顿州的。但这座集他理论大成的塔科马海峡吊桥却崩塌了。后来他因心脏病宿疾恶化退出第一线，同时在未能见到三年后新桥完成之际便辞世了。

埃德里奇（左），法克·哈逊（中），莫伊塞弗（右）。

旧塔科马海峡吊桥

1950 年完工的新生塔科马海峡吊桥

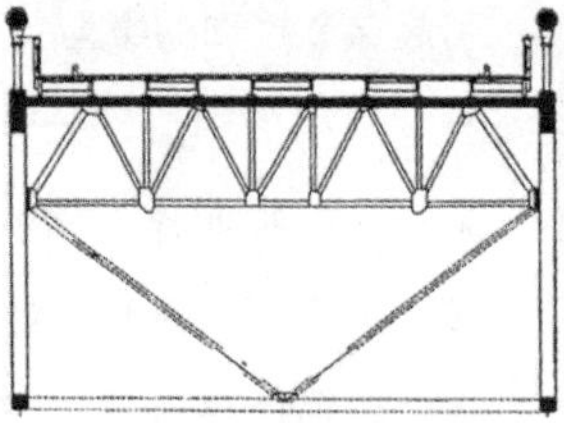

新生塔科马海峡吊桥的横切面

桁架结构的侧面

明石海峡大桥防范强风之对策

明石海峡大桥是世界最长的吊桥，它的全长有3911米，中央的墩距长达1990米[13]。完成于1998年，总共耗费了12年的岁月。

有关强风的威胁，在日本大都是由台风所引起。明石海峡大桥的结构是以能承受一般台风一倍以上的80米秒速之强风来设计的。为了决定吊桥的结构，使用了内部空间为宽41米、高4米、长30米的大型风洞来进行测试。直径1.8米的巨型风扇就装设了36台，可以模拟强风的发生。当中制作了七十分之一的模型，反复进行了风洞测试。

反复进行了风洞测试。照片提供：本州岛四国联络高速公路公司。

藉由测试所决定的桥桁形状，是不易产生气流漩涡、床板也不会引起自激振动的类型。

在桥的中央部分还采用了一种叫作“格栅板”的床板，这种网格状的路面能使气流上下被抽出，让空气旋涡更加不易形成[14]。

此外，它是一座高度仅次于东京铁塔的高塔，所以在298.3米高的主塔处也会产生气流的漩涡（卡门漩涡）。

主塔漩涡引起的自激振动，推估会在风力达到秒速 32 米时发生。这很有可能会因为台风而引起自激振动。为了因应此问题，相关人员在主塔内设置减震用的多段钟摆式减震装置，并在两座主塔内各自装设 20 座。这项装置当然也能因应地震造成的震动，并抑制共振现象。

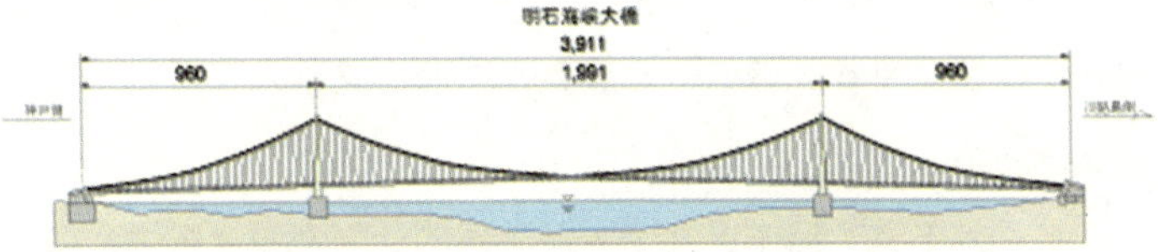

明石海峡大桥的设计图。提供：本州岛四国联络高速公路公司。

马琪那大桥中间 2 个车道是格栅板的床板。

注 13：崩塌掉的塔科马海峡吊桥当时号称为世界第三的吊桥，全长 1822 米，最大墩距为 853 米。

注 14：世界上第一个使用吊桥的格栅板的是，美国的大卫 · 斯坦曼（David Steinman）所设计的一座位于美国密执安州的马琪那大桥，完成于 1957 年。斯坦曼参考塔科马海峡吊桥的崩塌事故，采用补强桥桁的桁架结构。

梦想中的巨型建筑计划

布雷、勒杜等建筑师的巨型建筑计划

18 世纪后期有几位当代建筑师对巨大高层建筑的计划案抱持着热诚，并大大地影响了后代建筑师。其中，法国的布雷（Etienne Louis Boullée）或勒杜（Claude Nicolas Ledoux）等人，就设计出好几个保留了哥德式建筑的古典氛围，同时又融入了崭新手法的建筑计划案。

特别是布雷，留下的几个未能实现的计划案设计图中，每一个作品都是既巨大又富含幻想到令人惊叹，同时也激发出人们对建筑的感受力。他的实际建筑作品，规模较小也不特别引人注目，反而是建筑计划案比较著名。

布雷的作品——牛顿纪念碑。在建筑物四周种植着三段式的排列物就是树木，相形之下，人显得特别小几乎看不见。

高迪的超高层饭店计划

身为西班牙人的建筑师，兴建了圣家堂（Sagrada Familia）等多座个性化的建筑，同时在日本也拥有许多爱好者的高迪（Gaudi），曾经受邀于闻其名而远道而来的美国企业家，计划设计一座兴建于纽约的饭店。当时留下了一份1908年时的设计手稿，设计稿中的建筑体流露出带有高第风格的圆形风貌。当时预定建造的高度是360米，完成之际应该会是世界最高的超高层建筑。

可惜的是，该饭店的兴建规划未能实践。据说当时曾想将此设计案移植到世界贸易中心被破坏后的遗址上，但舆论却表示了这是不智之举的论点而议论纷纷，最后该案并未被实行。一般认为，由于设计的个人独特风格过于鲜明，引发反对声浪高涨也是自然而然的事。

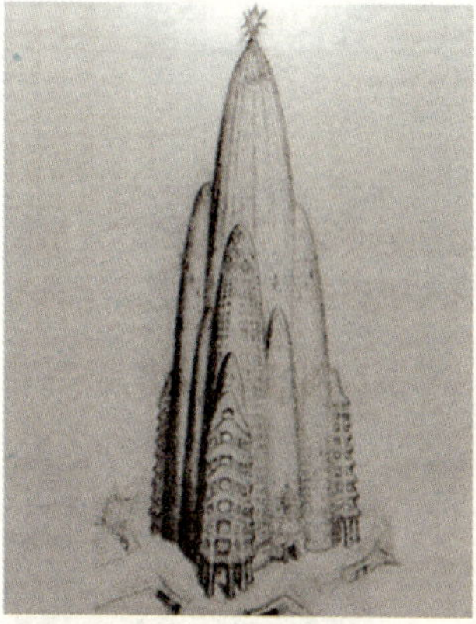

高迪设计的纽约饭店。完成之后应该会一改纽约的印象（右图为想象图）。

弗兰克・劳埃德・赖特的超高层计划

在许多建筑作品中，以低层住宅规划较为人所知的弗兰克・劳埃德・赖特（Frank Lloyd Wright），过去也曾经认真思考过超高层建筑的兴建计划。

这座建筑正如其“英里大厦（Mile High）”之名，高度是1609米，加上天线的部分则高达1731米，就算是现在来看也是一个很荒谬的提案。建地位于伊利诺伊州的芝加哥，并在1956年发表兴建此案的构想。当时，世上最高的大楼是帝国大厦（扣掉天线的部分为381米），此建案竟是它的4倍之多，

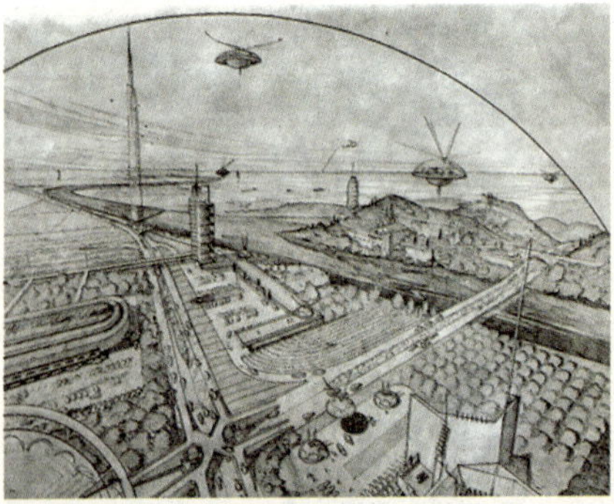

弗兰克・劳埃德・赖特的英里大厦。他是以广亩城市（Broadacre City）的构想呈现出特殊的都市风貌。左图：从远处就可以看到英里大厦。

且楼层数高达 528 层，令当时的人们皆感到震惊，直呼不可能。这个兴建计划应该可以说是他描绘未来都市构想的一部分，如果再想到这是他 89 岁时的惊人之举的话，就更令人瞠目结舌了[15]。

实现未完成的梦之计划

目前，稳坐建筑体中世界第一宝座的是，位于迪拜的迪拜塔这座高达 800 米级的建筑，它不仅超越世界最高建筑（台北 101 的 509.2 米），也超越了世界最高铁塔 KVLY–TV 的 629 米），似乎已经成为地球上最高的建筑结构物。

过去，埃及的金字塔在 1311 年英国的林肯大教堂（Lincoln cathedral）完成之际，失去了在之前维持了 4000 年之久的世界第一宝座。这次，中近东的建筑终于再度扳回一城夺回冠军宝座。甚至有中近东的人开玩笑地说，这一刻他们等了 700 年之久。

然而，迪拜塔要保持世界第一似乎不是那么容易。虽然规模还不是很明确，但是目前已经知道是超超高层建筑的有，科威特的 1001 米的丝绸之城（Mubarak al–Kabir）、巴林（Kingdom of Bahrain）的 1022 米的 Murjan Tower、迪拜的 1200 米的 Al Burj、以及沙特阿拉伯的 1600 米的英里高塔（Mile High Tower）等等，都各自正在规划兴建当中，而不让其专美于前。

沙特阿拉伯的英里高塔仿佛是在实现赖特当时的梦想。而它的高度竟是迪拜塔的两倍左右。

注 15. 弗兰克·劳埃德·赖特的作品中，现在仍可见到部分被移建到犬山·明治村的帝国饭店，以及东京·目白的自由学园等等。

曼哈顿的巴特里公园区

若将巨大高层建筑以单座个体来看的话，可以发现许多有趣的事，若将它的周边环境与整个都市全纳入，当作一个集合体来研究的话，也能获得许多意想不到的经验收获。

这里有一份1969年发表的近代都市的想象示意图。这是为了纽约曼哈顿岛南端的滨水区再开发案所描绘的计划图。后来，此地的建筑渐渐地兴建起来，现在被当作一个都市计划的成功开发案例而颇负盛名。但是事实上，这个计划图却未被实行。这是为什么呢？而它成功的理由又是什么？其中似乎隐藏着我们应该要学习的许多教训与智慧。

依照规划所兴建的城市——巴特里公园区

造访过此地的人都形容它是个“古色古香的住宅区”，同时充满着亲切感。原因是它融入了周边具有悠久历史的地区，不过，这里却是个从一无所有的状态下，按照计划一步步建造出来的城市。

面对曼哈顿岛南端西岸的哈德逊河的地方，以前的码头就像是篦子一般突出好几支在河边，曾是个船只出入频繁的交通据点。然而，第二次世界大战结束后，货船皆改为货柜船[16]，用来运送旅客的主要交通工具已由船只改为飞机之后，大多数的码头都逐渐被废弃并成了废墟。1966年世界贸易中心建筑群的兴建工程开始动工，当时就利用挖掘地基时产生的大量沙土，将这些码头所在之地一一填平。如此一来，产生 37 公顷的新土地就成了巴特里公园区的建筑用地[17]。

1969 年时最初发表的构想图

这是 1930 年代曼哈顿岛南端的风貌。巴特里公园区的建筑用地就在它对面码头之处，这里的东侧也看得到许多码头。

注 16：货物装入货柜后再运送的方式已经渐渐变得普及。货柜的大小有世界共通规格，分为长度 20 英尺（约 6 米）与 40 英尺（约 12 米）等两种大小的类型。后来渐渐都以这种货柜船来运送货柜。因此，为了方便转运作业，港口内需要有大型的货柜堆放场，以前的码头式港口则几乎只提供给旅客专用。而货船改为货柜船的另一个理由是，为了提高运送效率，使得货船的体积变得越来越巨大。由于能符合此需求的造船技术不断进步，以前无法完全进入港口内的巨型货船也都变得理所当然了。

注 17：这块土地的所有者是纽约州政府的公共事业局。土地是以开发用地之名租借给民间，而各个民间开发商再依照自己的事业计划来兴建这些建筑工程。

具备了明确的整体规划设计与指导方针

将这个计划导向成功的最大理由是，它是依据完整扎实的事业概念来进行整体规划设计。

决定尊重周边的古老街景

此地区隶属于留存了古老历史的区域，规划者认为这一点正是它的一项经营资产。兼具未来性且焕然一新的街景，纵使一开始风味十足，但依然有失去新鲜感且欠缺活力的疑虑。因此，他们决定尊重历史的重要性，为了让此地区能自然地成为既有老街景的延伸，因而制定了几项规划上的规范。

借着配合道路形式的方向，并仿效其弯曲幅度与宽度，就像仿佛原来就存在于该处一般，刻意规划出酷似既有街区的新街景。此外，街道上设置的街灯与长凳，是仿造纽约街头过去实际留存下来的实物，再将它重现的景象。这是来自于一个名为“只撷取纽约优点”的企划。

左图：1976年左右填海造地工程结束后的景况。右图：现在的状况。

街道与空地是因人而存在的重要空间

哈德逊河也被认为是一个重要的经营资产。所以，为了让人远远地就能感受到河川的存在，特别确保了街道到河川间的良好视野。而视野良好的街道终点则设置了一个后来成为当地地标的小公园，是一个人们可以伫足休息的空间。沿着这些开放空间也种植了许多绿化植物。而且，沿着河川还设置了一条禁行车辆通行的散步专用步道——“滨河大道”。

尽可能细分区划

即使再怎么具有未来性，被许多巨型结构的巨大建筑物所围绕的城市，有时候往往会变成令人感受不到人性温暖的冰冷空间。正因纽约就是从这些经历中一路走来，所以这一次并非以委托大规模开发商建造巨型结构之街景为目标，而是让小规模开发商也参与其中，企图规划出具备多样性街区的城市。因此，为了让大小开发商都能容易参与此案，尽可能地将区划再进行细分。这种

取镜于市内随处可见的公园之静谧悠闲的一角。

仿效、重现市内原有街灯与长凳。

缩小开发规模并分散开发项目的做法，同时也具有减轻投资家负担且减少风险的优点。

让建筑师们遵守设计指导方针

细分区划的结果，也相对地给予更多建筑师参与的机会。虽然可以藉此期待建设出具备丰富个性的街区，但是这种做法也无法保证不会变成像翻倒玩具箱一样的混乱局面。于是，身为土地所有者的纽约州公共事业局便决定制作一套设计指导方针，让建筑师共同来遵守。

起初建筑师们纷纷认为被限制了自己的个性而引发强烈反弹，但也正因为有这套指导方针，让他们实际感受到周边与其他建筑物间自然产生的一致性。如此一来，具有整体协调感的街景也慢慢地形成，后来这些建筑师才心悦诚服地接受。设计指导方针的主要内容如下：

规范 1　充分理解需与旧市街地区间取得协调之概念

规范 2　主要街道与建地间需自然连结

规范 3　建筑物外墙二楼以下之装修需使用石建材

规范 4　建筑物一楼部分需人性化，以上部分则可自由发挥

左图：建筑物越上层的部分玻璃面积越多，使其自然融入天空减少压迫感。

右图：二楼以下强制规定使用石造设计，以传达老街的氛围。

前面提过一些著名建筑师设计的未来城市之所以不能实践，主要是因为开发商都没有意愿投入。也就是说，他们知道若完全依照设计来兴建的话，会导致投资事业亏损，亦即形成过大投资。相对于此，在这个新的整体规划案中，开发商们却是纷纷争相投入。

美国国内的城市设计师

看透这种梦幻的未来城市无法实现的事实，重新以新的观点来构思建筑计划并完成了整体设计与指导方针者，就是人称城市设计师的一群人。所谓城市设计师，简单地说就是充分理解“建筑师的逻辑与立场”、“政府的逻辑与立场”、“企业家的逻辑与立场”这三者的意涵，同时可以灵活操控这三者的共通语言的专家。也就是说，虽然身为设计师，却能同时理解需顾及经济整合性之设计，或是建设出配合各地区状况街景的重要性。巴特里公园区之所以会成功，可以说就是因为企业家与建筑师之间有城市设计师的存在！

实现了街区结构与因人而存在的空间

巴特里公园区可大致分成三个部分。中央是商务中心，它的北端与南端则规划成住宅街区。区内整体种植了许多绿化植物，也有好几个公园。可以说是纽约市内最富绿意的环境之一。还有，连接商务中心与住宅街区被命名为“滨河大道（esplanade）”的散步道，是结合这三个部分的共同休憩处。这里并不是因为有商业设施才聚集人群，而是因为它是一个人口稠密之地，才因此设立了许多商业设施。

链接　真正的城市设计师

美国的研究所当中，可分为专门钻研学问的学术性学院，以及非但结合实务与技术，甚至还须修习经济整合性的专业学院这两种类型。日本则是自古以来就有在学校学习如何赚钱是一种卑劣行为的倾向，因此一般来说，日本的研究所基本上只有学术性学院。

实际参与巴特里公园区的城市规划设计的史丹顿·艾克史达特（Stanton Eckstut）先生，曾在哥伦比亚大学教授城市规划设计。

在美国，研究所有教授城市规划设计这个专门学科。在那里修读的学生都是具备三年以上实务经验的专业人员，但是出身并非只有建筑师，其他还有政府官员或是开发商等各式各样背景的人。城市规划设计属于专业学院，因此也需学习企业不亏损的经营概念。在美国的民间企业，城市设计师会站在企业家立场大力施展可获利的设计，即使是政府主导的规划案，基本上不会有无视于经济整合性之公共建设。虽然公共设施的兴建案中，有时候即使出现亏损也必须提供相关服务，但是，在日本却有很多人误以为，公共设施可以允许赤字等错误的观念。为了要修正此状况，一般认为，日本也到了应该推广美式城市规划设计的时期了。但遗憾的是，现实上并没有施行相关教育的地方。此外，在日本标榜城市设计师的人几乎都不是真正的城市设计师，这也是造成业界混乱的原因。

天王洲走廊的成功开发案

从东京山手线的浜松町车站到羽田机场有一列单轨电车在运行，而第一站停靠的就是天王洲走廊。这里从 1989 年左右开始形成一个商务地区，现在可以看得到好几座超高层建筑。然而，这个地区并非配合市街地的发展自然形成的，而是采用研拟周全的整体设计规划，以及以它为基础的地区计划，按照民意所创造出来的一个街区。

这种规模的开发案虽然在其他的案例上也看得到，但是在此处发展出的开发智慧，却是其他地方所没有的。如果当初什么也没做的话，现在应该仍只是一个普通的流通仓库的街区罢了。究竟这个地区是如何重生的呢？

天王洲走廊是一个立地创造型的开发项目

1985 年时，此地区是个仓库鳞次栉比的街区，就连当地的品川区也在长期规划当中被定位为流通仓库业务的地区。

天王洲是一块被运河围绕的岛状土地，整体约有 20 公顷的大小。它的东北角约 2 公顷的土地，就是引爆天王洲走廊快速发展的海洋城堡广场（Seafort Square）的所在之地。当初该处的油罐布满整个区域。在重新开发该区之际，一开始想到的就是兴建 1700 户的住宅大楼。

天王洲会改造成附加价值更高的复合式设施，主要有几项重要的决策因素：

①土地规模的大小攸关着复合式用途能否延续；

②东京都“My Town”构想计划中，此地区也涵盖在内；

③紧邻的品川车站东侧，开发时机已日渐高涨；

④羽田机场的乘降旅客数预估未来将达到现今的 3.5 倍；

⑤临海线的地下线路已经被拉到附近，且是该线最大站；

⑥预估现在的天王洲走廊站未来将会招揽人群。

综合以上这些因素的结果，一致认为这是一个投资风险小，甚至可以说是一个反败为胜的好机会[18]。

此地区是一个就连进行一般的市场调查，回答的结果清一色都是：它是个适合用来当作“流通仓库”的地方。因此，必须藉由逆向思考来创造它的新定位，并在这块 2 公顷的土地上以“都市中的都市”[19]概念，拟定这个自我完结型的复合式设施计划。由于天王洲属于民间开发，因此符合事业盈亏利益是其首要目的。收益的主要来源是办公室，为了提高它的价值，因而制定了需具备相关商业设施、饭店、多功能大型厅堂等等明确的概念。特别是饭店与部分设计为共管公寓大楼（condominium），兼具让此复合式设施成为 24 小时运作的街区。也就是说，开发商意图将此复合式设施营造成，不论夜间或周末都是个充满活力的地方。

还在规划阶段之际，美国的花旗集团便决定购买办公大楼的

注 18：看清“构想和策略若能彻底规划与执行，它就不会是风险反而是机会”的人，就是当时隶属于东京商事的原川洋之先生。如果没有原川先生，这里应该还是原来的仓库街，要不然就是兴建着 1700 户的住宅大楼。在如此短期间内不动产价值便自行上涨的大规模规划土地，日本国内找不到其他例子。

注 19：“都市中的都市”是由美国著名的城市设计师学者——乔纳森·巴纳特所提倡。他的“非设计建筑，而是设计都市”的提案也相当有名。

一部分作为东京总公司大楼。花旗之所以不顾周围只有流通仓库的立地条件，反而显示高度兴趣的原因，正是因为它是一个以"都市中的都市"的概念，规划出便于商办的自我完结型设施。

这个开发案被取名为"海洋城堡广场（Seafort Square）"[20]。

东北角油桶林立的地方就是"海洋城堡广场"的建地。照片提供：RIA。

海洋城堡广场的透视图。图片提供：RIA。

注 20：海洋城堡广场的土地，是幕府末年在对抗黑船的政策中，所兴建的 8 座海上炮台"御台场"之一的所在地。当时面对运河部分所建造的石墙仍被保存下来。这个地方会变成美国企业的专属之地，该说是历史的因缘际会吗？虽然花旗集团后来已将大楼转让，但接手的仍是美系企业的摩根史丹利集团。

海洋城堡广场的成功隐含着城市设计师的要素

海洋城堡广场从海的这一边看过去的话，呈现出细长6栋建筑物一栋挨着一栋的排列设计，从透视图中便可一目了然。这是为了减缓站在广场上的人们抬头往上看时，受到巨大超高层建筑的压迫感所做的精心设计。若从侧面来看的话，则是采用高度与装修皆不同的两种建筑相互重叠而成的设计。此外，海洋城堡广场另有一项特征，那就是由木制散步甲板制成的“木板人行道(boardwalk)”。这是日本国内首度核准可设置在港湾护岸的首例，也是日本国内首创的木制木板人行道。

在不成为过剩投资的范围内提供令人身心愉快的规划设计，成为此建案的附加价值。而其中需时时顾及整体并加以斟酌者，正是城市设计师。

天王洲走廊是经过整体城区规划过的一座岛

美式的城市设计还具有“成就他人，自己也受益的事业开发智慧”这个特质。

天王洲的开发案之所以会成功，是因为它没有擅自进行2公顷土地的开发，而是邀约周围的土地所有者一同加入，以共同提升20公顷小岛的附加价值为目标来进行整体规划。在以兴建出好建案为前提所制定的整体计划之下，果然获得大家共同合作的决心。为了不让彼此的决心动摇，以具有地区规划约束力的框架来固定区域的开发内容。而重新分配都市的区域划分以后，本来整座20公顷大的岛，其准工业地区的指定容积率仅有400%，但重新规划后，却脱胎换骨地变成 500% 的商业地区。

这里有一张 1985 年拍摄的航空照片，以及发表于 1986 年的开发计划概念图。整体几乎是完全依照此概念图在进行开发。"以成就他人，自己也受益为目标"的城市设计概念，是在所谓"地区规划"的设计指导方针之下所进行，就算在今日依然奉行着此方针[21]。

1985年时天王洲的航空照片。
照片提供：RIA。

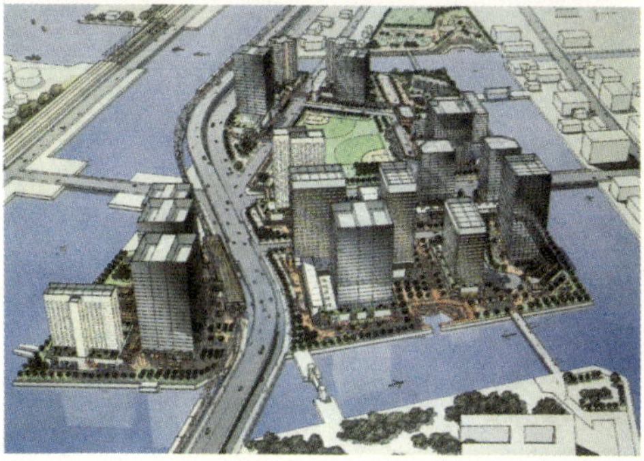

1986 年公开的整体概念图。

注 21：让开发事业成功的城市规划设计之诀窍，就是提出符合"还没有人做"、"只要去做就会发现大家都想要"、"符合事业收支盈亏计划"、"其他后起之秀的竞争对手无法模拟"等原则的好策略。

从建筑中发展出的意外关系

曼哈顿高架铁路与日本海军

战前的日本为了制作钢铁，需从海外进口铁屑这种重要的原料，其中的60%都是仰赖美国。由于从铁矿石制成钢铁的冶炼技术尚未成熟，因此从美国进口的铁屑曾经被视为贵重物品。

1877年左右，纽约的曼哈顿街上已有行驶着南北向的现代化高架铁路。这个一共有四条的高架线路，后来因为地下铁建设日趋完善，以及为了美化曼哈顿的街区环境而被拆除，目前已看不到此景象。其中的“第六大道高架轨道”（Sixth Avenue El）于战前的1939年拆除，并赶在对日本发布禁止贸易之前，好不容易将此铁屑出口到日本[22]。后来的两年，日美分为敌我两方并进入战争。而那些铁屑却面临了被重新利用制成日本海军军舰来与美军作战的坎坷命运。美国国内也有人在战争时期将这件事作成了嘲讽的诗，而成为家喻户晓的小故事。

被拆除的美国高架铁路废铁进口到日本之后，究竟成为日本海军的哪一艘船舰并无明确记录，但是，将进口日本的时间与船舰制造的时间相互对照之下，若是大型军舰的话，很有可能是航空母舰“大凤号”或是航空母舰“信浓号”。

注22：美国为了让日本停止对外侵略之政策，1940年实施了铁屑与原油的禁运措施。由于当时日本60%的铁屑与90%的原油进口都是仰赖美国，所以不论何者皆是重要的资源。因此，高架铁路的铁屑被视为开战前从美国运来的最后一批贵重进口品。

第六大道的高架

高架铁路下被当作车道在使用。

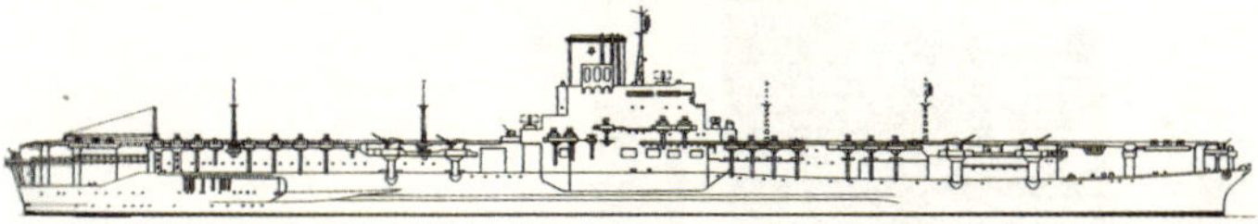

信浓号航空母舰全长为 266 米。

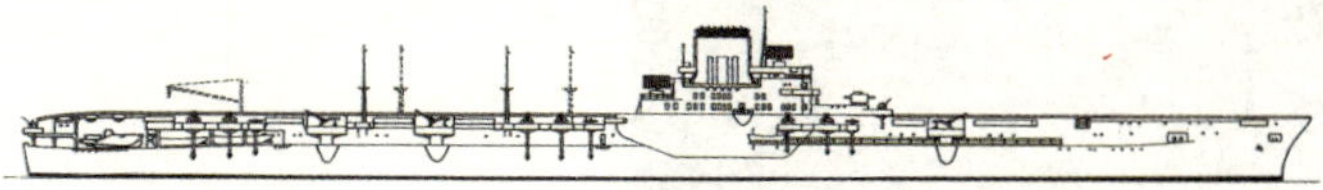

大凤号航空母舰全长为 261 米。

联合国大楼与战斗机

联合国是为了维持第二次世界大战后的和平与安全所组成的组织，总部位于纽约。此大楼的设计是由一个名为建筑师国际委员会的组织所负责，其主要成员包括勒·柯布西耶（Le Corbusier）和奥斯卡·尼迈耶（Oscar Niemeyer）等世界级的建筑师在内。此大楼的外墙虽采用大面积玻璃窗面的帷幕墙，但是使用的材料不是钢而是铝。一般认为，这是最早使用铝制帷幕墙的建筑物，也是此建筑的一大特征。

由于铝的价格比铁高，因此从来没有人大量以此为建材。然而，随着第二次世界大战结束，当时为了制作战斗机和轰炸机而生产的铝因而大量剩余，设计师们就利用此点顺势使用了这些材料。虽然是高价建材，但因为铝的重量较轻，所以制作同样大小的帷幕墙时，与铁相较之下仅需少量即可完成，因此实际上用法并没有特别地奢侈。

最早使用铝制帷幕墙的联合国大楼

东京铁塔与战车

东京铁塔使用了3600吨的钢材。它采用的是SS41（现在的规格为SS400）这种规格的钢材。目前也使用于建设工程上，是一种不论加工性或熔接性皆佳的一般结构材。

现在的超高层建筑的兴建，普遍是将在海外制作加工后的钢筋运送到日本工地现场来使用，也许一般人会对这种情况感到惊讶，不过这全是因为这样的钢筋成本较低所致。但是在东京铁塔的时代，当时所使用的材料几乎都是日本制产品。钢材也是使用日本国内铁工厂加工生产的材料。

然而，制作这些钢材的材料当中，也使用了美军的战车。1950年开始朝鲜半岛爆发了朝鲜战争，1953年停战之后，当时美国并未将废弃处理掉的战车带回国内，而是将它转售给日本业者当作钢铁材料进行重复利用。此时，正值东京铁塔在兴建当中需要大量的钢材，因此刚好派上了用场。据说当时拆解了约300辆战车，东京铁塔就使用了90辆。

日本也有巨大飞船的机库

德国的齐柏林伯爵号这台巨大飞船曾在战前的1929年到过日本。在进行环绕世界飞行一周的途中，让当时的人们目睹它从东京飞到横滨上空的样子，接受众人赞叹的洗礼后，降落在霞浦。它是从纽约郊外的列克赫斯特（Lakehurst）起飞，进行为期22天的环绕世界一周的大规模航行，途中只停降德国的腓特烈斯港（Friedrichshafen，又名福吉沙芬）、日本的霞浦、以及美国的洛杉矶这三个地方。而为什么会选在霞浦，其中有着很大的原因，那是因为霞浦其实曾经有过巨大飞船用的机库。

那是第一次世界大战中德国给予的赔偿物，它的大小为全长239.9米、宽65.4米、高38.2米，顶棚的高度也有35米，大小足以完全收纳11层楼高的公寓。然而，当时最先进的齐柏林伯爵号为全长236.6米、高33.7米，几乎逼近机库的顶棚高度。据说当时日本的维修负责小组仅花了30分钟就让它安全地停入机库中[23]。

这座钢骨结构石板瓦屋顶的建筑物，为了补充因第二次世界大战造成的物资不足，非常遗憾地在1944年时被拆解了，所以现在已无法目睹它的风貌。

从位于日本上空的齐柏林伯爵号鸟瞰而下的霞浦机库。

注23：位于霞浦的这座机库，原本是在1916年兴建于德国裕特堡（Juterbog）的机库。

将波音 747 大型喷射客机、齐柏林伯爵号、泰坦尼克号、东京车站、霞浦机库、列克赫斯特一号机库（看起来像三层楼建筑，但其实只有一楼）同比例缩小比较看看。其中，只有波音 747 大型喷射客机与列克赫斯特一号机库现在还看得到。东京车站将于 2011 年复原成这个风貌。

还有，曾经停靠过日本的齐柏林伯爵号后来仍持续活跃于航空界，留下了在 1937 年结束最后航行之前共飞行了 590 航次、承载过的旅客有 13110 人次、飞行时间为 17177 小时、飞行距离为 1695272 公里（地球 42 周）等纪录。

德国在第二次世界大战之前，包括国外的飞船机库在内，一共兴建了大约 90 座左右的机库。但是目前遗留下来的只有如前所述的那些，和目前位在巴西的兴登堡号专用座有被留存下来而已。1931 年，齐柏林伯爵号开始首航南美航线，不过却在巴西的飞船机库完工启用（1932 年 12 月）不到半年，便停驶了，在这段期间内仅使用了 5 次机库。

飞船对环境不会造成负担，是一种符合生态环保的交通工具。在现今这个追求慢活的潮流中，或许它正好适合这样的生活形态。

德国的腓特列斯港的机库与齐柏林伯爵号

图书在版编目(CIP)数据

巨型建筑设计之谜/（日）高桥俊介著；姚淑娟译．
—济南：山东画报出版社，2011.10
ISBN 978-7-5474-0439-3

Ⅰ.①巨… Ⅱ.①高… ②姚… Ⅲ.①高层建筑－介
绍－世界 Ⅳ.①TU972

中国版本图书馆CIP数据核字(2011)第152594号

责任编辑 董明庆
装帧设计 王 钧
主管部门 山东出版集团有限公司
出版发行 山东画报出版社
社 址 济南市经九路胜利大街39号 邮编 250001
电 话 总编室 (0531) 82098470
市场部 (0531) 82098479 82098476(传真)
网 址 http://www.hbcbs.com.cn
电子信箱 hbcb@sdpress.com.cn
印 刷 山东临沂新华印刷物流集团有限责任公司
规 格 150毫米×210毫米
7.125印张 278幅图 75千字
版 次 2011年10月第1版
印 次 2011年10月第1次印刷
定 价 35.00元

如有印装质量问题，请与出版社总编室联系调换。
建议图书分类：建筑类